虚拟的数字化世界

王子安◎主编

汕頭大學出版社

图书在版编目（CIP）数据

虚拟的数字化世界 / 王子安主编. -- 汕头 : 汕头大学出版社，2012.4（2024.1重印）
ISBN 978-7-5658-0690-2

Ⅰ. ①虚… Ⅱ. ①王… Ⅲ. ①数字技术－青年读物②数字技术－少年读物 Ⅳ. ①TN01-49

中国版本图书馆CIP数据核字(2012)第058407号

虚拟的数字化世界

主　　编：王子安
责任编辑：胡开祥
责任技编：黄东生
封面设计：君阅天下
出版发行：汕头大学出版社
　　　　　广东省汕头市汕头大学内　邮编：515063
电　　话：0754-82904613
印　　刷：唐山楠萍印务有限公司
开　　本：710mm×1000mm　1/16
印　　张：12
字　　数：70千字
版　　次：2012年4月第1版
印　　次：2024年1月第2次印刷
定　　价：55.00元
ISBN 978-7-5658-0690-2

前言

青少年是我们国家未来的栋梁，是实现中华民族伟大复兴的主力军。一直以来，党和国家的领导人对青少年的健康成长教育都非常关心。对于青少年来说，他们正处于博学求知的黄金时期。除了认真学习课本上的知识外，他们还应该广泛吸收课外的知识。青少年所具备的科学素质和他们对待科学的态度，对国家的未来将会产生深远的影响。因此，对青少年开展必要的科学普及教育是极为必要的。这不仅可以丰富他们的学习生活、增加他们的想象力和逆向思维能力，而且可以开阔他们的眼界、提高他们的知识面和创新精神。

《虚拟的数字化世界》一书介绍了诸如手机、互联网、全球卫星定位系统等数字设备的发展历程，以及现代化的电子产品和虚拟现实、远程办公、网上购物、网上银行、网上教育等。希望通过阅读此书，能够给予志愿从事科学技术事业的青少年读者人类最新的科技情报与阅读资讯。

本书属于“科普·教育”类读物，文字语言通俗易懂，给予读者一般性的、基础性的科学知识，其读者对象是具有一定文化知识程度与教育水平的青少年。书中采用了文学性、趣味性、科普性、艺术性、文化性相结合的语言文字与内容编排，是文化性与科学性、自然性与人文性相融合的科普读物。

此外，本书为了迎合广大青少年读者的阅读兴趣，还配有相应的图文解说与介绍，再加上简约、独具一格的版式设计，以及多元素色彩的内容编排，使本书的内容更加生动化、更有吸引力，使本来生趣盎然的知识内容变得更加新鲜亮丽，从而提高了读者在阅读时的感官效果。

尽管本书在编写过程中力求精益求精，但是由于编者水平与时间的有限、仓促，使得本书难免会存在一些不足之处，敬请广大青少年读者予以见谅，并给予批评。希望本书能够成为广大青少年读者成长的良师益友，并使青少年读者的思想能够得到一定程度上的升华。

2012年3月

目　录
contents

第一章　计算机与网络

第二章　畅谈激光科技

第三章　便捷的电子产品

第四章　先进的通讯设备

第五章　现代化的数字通信

第一章

计算机与网络

当代世界新科技的发展以高新技术的应用为主要内容，包括信息技术、电子技术、生物技术、新能源技术及网络技术等领域的内容。就发展的内容来看，当代新科技的发展是一个与以往科技发展的方向和层次大有不同的发展。在原有的科技和技术的基础上，呈现出精确化、智能化、微观化和空间化发展的趋势。而其中网络技术的发展，更是在地理空间上实现了人类“天涯若比邻”的愿望，即使人们远隔万里重洋，通过网络技术，也可以犹如比邻而居。现代新科技的发展对人类生活的影响是空前的，从科技的角度上更加注重人类的发展、人类生活水平的提高和人类生活空间的扩大。

现代新一轮科技的发展，推动的不只是某一国家或某一地域的发展，而是伴随全球化运动的发展。可以说新科技是一场伴随着全球化运动而且是与全球化相结合的史无前例的创新性科技。它的发展不但会冲破传统的区域经济格局，也会冲击和打破一些相对不发达和相对落后地区的科技发展状况。

电子计算机

电子计算机，俗称电脑，简称计算机，是一种根据一系列指令能自动、高速、正确地进行大量数值计算和各种信息处理的现代化智能电子设备。与电子计算机所相关的技术研究叫计算机科学，以数据为核心的研究称为信息技术。

计算机种类繁多。一般来说，电子计算机可分为电子数字计算机、电子模拟计算机两大类。随着科技的发展，现在新出现的一些新型计算机有：生物计算机、光子计算机、量子计算机等。实际上，计算机总体上是处理信息的工具。计算机在组成上形式不一，按其规模可以分为巨型机、大型机、中型机、小型

机、微型机等多种类型。早期计算机的体积足有一间房屋大小，而今

天某些嵌入式计算机可能比一副扑克牌还小。即使在今天，依然有大量体积庞大的巨型计算机为特别的科学计算或面向大型组织的事务处理需求服务。比较小的为个人应用而设计的计算机则称为微型计算机，简称微机。我们今天在日常使用“计算机”一词时通常也是指此。现在计算机最为普遍的应用形式是嵌入式的。嵌入式计算机通常相对简单，体积小，并被用来控制其他设备——无论是飞机、工业机器人还是数码相机。

进入21世纪，电脑更是笔记本化、微型化和专业化，每秒运算速度超过100万次，不但操作简易、价格便宜，而且可以代替人们的部分脑力劳动，甚至在某些方面扩展了人的智能。于是，今天的微型电子计算机就被形象地称做电脑了。世界上第一台个人电脑由IBM于1981年推出。

★ 计算机的原理构成

一台能被人们很好应用的计算

机，应该是由硬件、软件和外部设备组成的计算机系统。其中，硬件是实现各种功能的物质基础，例如主机、外存储器、显示器、键盘或终端机、打印机等。软件是指人们为了让计算机实现各种管理、计算等功能而编制的各种各样的程序。软件大致可以分为两类：一类是系统软件。计算机制造公司再生产出一套计算机硬设备的同时，必须给它配上一整套系统软件，否则一台没有软件的裸机，用户是违法使用的。系统软件承担管理计算机系统资源、给应用软件的开发提供手段与环境等任务。另一类是应用软件。包括计算机制造公司和软件开发公司为用户提供的各种通用软件包、用户自己开发的各种应用程序等。

★ 各代计算机的特点

第一代（1946—1958年）：电子管数字计算机。计算机的逻辑元件采用电子管，主存储器采用汞延迟线、磁鼓、磁芯；外存储器采用磁带；软件主要采用机器语言、汇编语言；应用以科学计算为主。其特点是体积大、耗电大、可靠性差、价格昂贵、维修复杂，但它奠

定了以后计算机技术的基础。

第二代（1958—1964年）：晶体管数字计算机。晶体管的发明推动了计算机的发展，逻辑元件采用了晶体管以后，计算机的体积大大缩小，耗电减少，可靠性提高，性

能比第一代计算机有很大的提高。主存储器采用磁芯，外存储器已开始使用更先进的磁盘；软件有了很大发展，出现了各种各样的高级语言及其编译程序，还出现了以批处理为主的操作系统，应用以科学计算和各种事务处理为主，并开始用于工业控制。

第三代（1964—1971年）：集成电路数字计算机。20世纪60年代，计算机的逻辑元件采用小、中规模集成电路（SSI、MSI），计算机的体积更加小型化、耗电量更少、可靠性更高，性能比第十代计算机又有了很大的提高，这时，小型机也蓬勃发展起来，应用领域日益扩大。主存储器仍采用磁芯，软件逐渐完善，分时操作系统、会话式语言等多种高级语言都有新的发展。

第四代（1971年以后）：大规模集成电路数字计算机。所谓大规模集成电路是指在单片硅片上集成1000～2000个以上晶体管的集成电路，其集成度比中、小规模的集成电路提高了1～2个以上数量级。计算机的逻辑元件和主存储器都采用了大规模集成电路（LSI）。这时计算机发展到了微型化、耗电极少、可靠性很高的阶段。大规模集成电路使军事工业、空间技术、原子能技术得到了很大的发展，这些领域的蓬勃发展对计算机提出了更高的要求，有力地促进了计算机工业的空前发展。随着大规模集成电路技术的迅速发展，计算机除了向巨型机方向发展外，还朝着超小型机和微型机方向飞越前进。1971年末，世界上第一台微处理器和微型计算机在美国旧金山南部的硅谷应运而生，它开创了微型计算机的新时代。此后各种各样的微处理器和微型计算机如雨后春笋般地研制出来，潮水般地涌向市场，成为当时首屈一指的畅销品。这种势头直至今天仍然方兴未艾。特别是IBM-PC系列机诞生以后，几乎一统世界微型机市场，各种各样

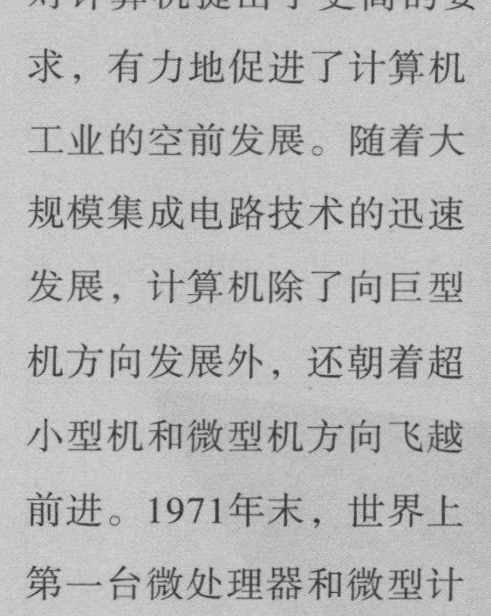

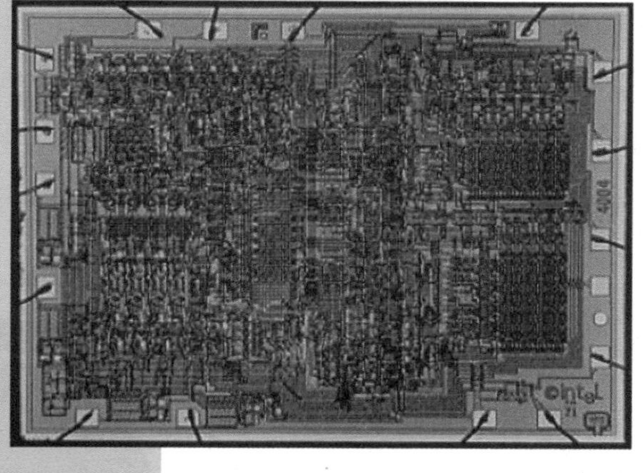

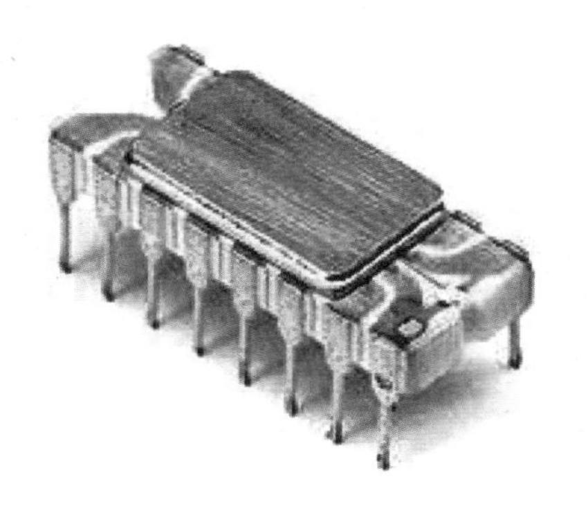

PC机

的兼容机也相继问世。

PC机即个人计算机，顾名思义，它可以被个人所拥有，也可以被个人所操纵。随着人类进入信息时代，电子计算机正从各个方面改变着人类的生活。个人计算机一词源自于1978年IBM的第一部桌上型计算机型号PC，在此之前有Apple Ⅱ的个人用计算机。能独立运行、完成特定功能的个人计算机。个人计算机不需要共享其他计算机的处理、磁盘和打印机等资源，可以独立工作。今天个人计算机一词则泛指所有的个人计算机、如桌上型计算机、笔记型计算机或是兼容于IBM系统的个人计算机等。

★ PC机进化史

自个人电脑在1971年问世以来，其发展历程如达尔文的进化论一般，且重要程度与日俱增，从最初名不见经传的小角色，发展为21世纪人们生活中不可或缺的一部分。尤其是过去的四十年间，个人电脑经历了翻天覆地的变化，从笨重的商用电脑到今天在我们日常生活中扮演重要角色的超薄高性能机器，既可用来工作，又能用来打游戏。下面就来回顾一下个人电脑发展过程中的重要瞬间。

世界上第一台电脑是Kenbak-1。Kenbak-1售价750美元，1971年在《科学美国人》杂志上做广告销售。电脑历史博物馆上写道："Kenbak-1由约翰·布兰肯巴克使用标准的中规模和小规模集成电路设计，存储容量为256字节。"但Kenbak-1仅售出40台。另一款早期个人电脑是Datapoint2200，也是在1971年开始销售。尽管起价5000美元，但

Datapoint2200在商业上比Kenbak-1更成功，其CPU至今畅销不衰，可谓是当前无处不在的x86指令集的“鼻祖”。

1973年，第一款商业个人电

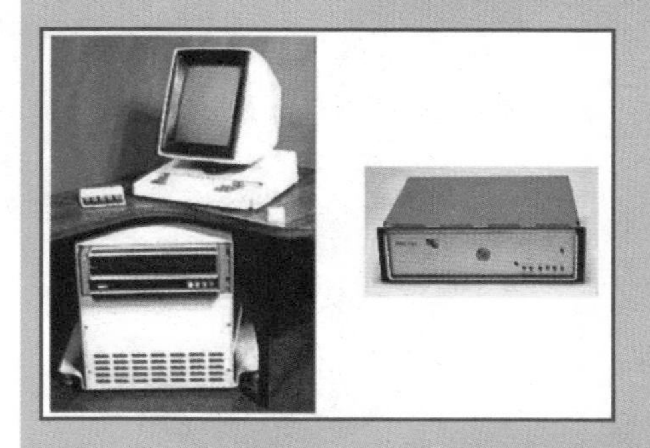

脑Micral问世，这款电脑并非只是简单组装件，而是形成一套完整系统，基于英特尔8008微处理器设

计。电脑历史博物馆上写道：“法国R2E公司创始人、公司总裁安德烈·特鲁昂开发Micral用以替代微型电脑，毕竟当时不需要太高的性能。”次年，第一个具有内置鼠标的工作站在Alto电脑上出现。Alto电脑是在施乐帕洛阿尔托研究中心建造的。接着在1975年，著名工程师李·费尔森斯泰因设计的图形显示组件帮助将个人电脑变成了游戏机。

1977年是对早期个人电脑有着非同寻常的一年，那一年，CommodorePET（个人电子处理器）和AppleII相继

问世。CommodorePET有两个内置盒式存储器，存储容量达到8千字节。AppleII则成功融入了印刷电路板、先进的图像、游戏棒，以及

电脑游戏《Breakout》。1979年，Atari推出了两款微型电脑，一款主要是当作游戏机使用，另一款则是家用电脑。

1981年IBM公司推出IBM5150，为快速发展的个人电脑市场推波助澜。IBM5150使用英特尔8088微处

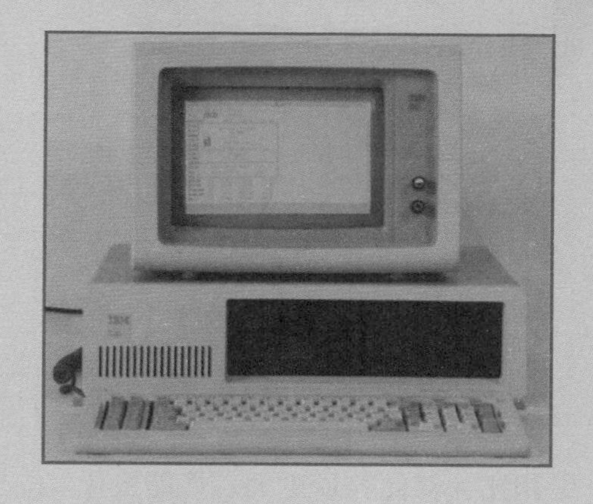

理器，微软MS-DOS操作系统。同年，第一款便携式电脑研制成功，亚当·奥斯本揭开了OsborneI的神秘面纱。OsborneI重约24磅，售价1795美元，显示器5英寸，另外，有两个软盘驱动器、64千字节存储空间和一个调制解调器。

1982年，Commodore64（C64）上市，Commodore由此开始了成功的道路。Commodore64持续热销11年之久，销量至少为1700万台，足以赢得《吉尼斯世界纪录》“最畅

销电脑”的头衔。Commodore64售价595美元，相对便宜，由此激发了数千套软件的开发。

1983年，苹果推出第一款具有图形用户界面的个人电脑Lisa。尽管这款创新性电脑在美国宇航局找到了卖主，但由于售价高达1万美元，加之运行速度慢，Lisa在市场上并没有获得成功。1983年，个人电脑市场并未全线溃败，康柏根据IBMPC的相同软件，开发出第一台PC版本，在商业上大获成功。这是对家用电脑有着里程碑意义的一

年，苹果在1984年推出了第一款具有图形用户界面的电脑Macintosh。在“超级碗”比赛电视广告上，“奥威尔”主题把苹果说成是个人电脑市场的大救星，将击败行业大哥大IBM。IBM并没有停止前进的脚步，在1984年发布了PCJr。和PC-AT两款个人电脑。PC-AT售价4000美元，比Macintosh价格高出60%，宣称与之前的IBM个人电脑相比，存储容量更大、性能更优。

1986年，康柏发布第一款采用英特尔最新80386芯片的台式机Deskpro386，在同IBM较量中胜出。电脑历史博物馆称，Deskpro386的运算速度和能力都优于以前几款大型机和微型电脑。1987年，IBM也受到了业界的关注，发布了OS/2操作系统以取代DOS。

足够薄的膝上型电脑被称为

“笔记本”在20世纪80年代末期问世。康柏公司在笔记本电脑市场率先发威，推出了LTE和LTE286，这两款电脑有内置硬盘和软盘驱动器，性能类似于台式机。

到1990年，IBM和微软两强之间出现了裂痕，IBM的OS/2操作系统不断抢占市场，而微软则将未来寄托于Windows。Windows早在1985年便已面市，但直到90年代初3.0版本发布以后才在市场站稳脚跟。微软的Windows和包括Word、Excel和PowerPoint在内的Office平台的巨大成功，令其在个人电脑软件市场上占据着主导地位。

对于许多用户来说，个人电脑今天主要是用于网上冲浪和收发电子邮件的工具。但互联网的问世并非一帆风顺。1991年初次亮相的美国在线服务令互联网距离数以百万计的用户更近。网景在1994年推出了网景浏览器，使互联网得到了进一步推广，而英特尔新推出的奔腾微处理器能让用户高速网上冲浪。到1998年，微软

Intel Pentium microprocessor

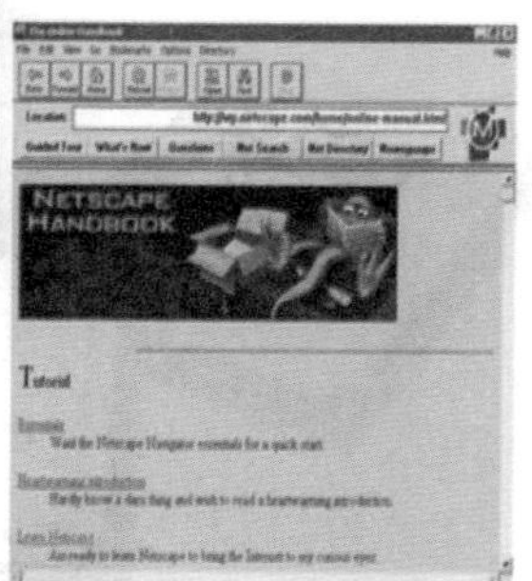

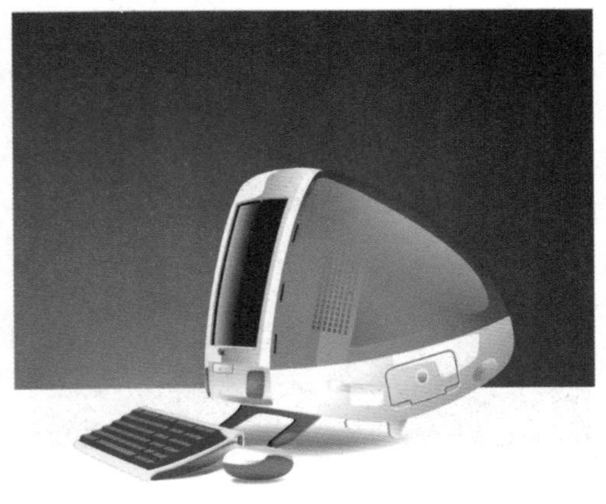

将Internet Explorer与Windows捆绑销售，尽管面临来自Mozilla Firefox的挑战，但Internet Explorer仍然是今天最受欢迎的浏览器。

苹果在20世纪90年代大部分时间一直处于挣扎状态，但联合创始人史蒂夫·乔布斯在1996年的复出给这家企业带来了新生。1998年，iMac和Macs新操作系统的相继发布令苹果在台式机市场重新占据一席之地。

长期以来以生产优质台式机处理器著称的AMD，在1999年推出了Athlon芯片，这款芯片的性能优于英特尔的奔腾3。接着，AMD乘胜追击，2003年相继推出64位微处理器Opteron和Athlon64，在与英特尔的较量中再次胜出。英特尔则奋起反击，第二年推出了自己的64位处理器，这项技术逐渐在消费类台式机和膝上型电脑市场上取代了32位芯片。今天，新的多核处理器和闪存还在不断向前推动个人电脑的性能。

随着处理器速度更快，以及互联网技术的不断发展，为开发像《魔兽

世界》和《无尽的任务》这样的多人参与的网络游戏提供了便利。视频游戏便应用而生。对于数百万电游玩家而言，个人电脑现在首先是将他们与虚幻世界相联系的一个平台。这个世界充斥着来自世界各地的对手和盟友。

今天的台式机全都在追求“薄”。上网本向用户提供了一个低廉的小型工具，令无线互联网接入的体验更佳，耗电量更低。

具有触摸屏的平板电脑使得计算变得拥有前所未有的轻松。针对那些追求超薄电脑的用户，苹果开发出号称“世界上最薄的笔记本”——MacBookAir。

计算机类型

★ 新型计算机

（1）仿生的生物计算机

生物计算机的主要原材料是生物工程技术产生的蛋白质分子，并以此作为生物芯片，利用有机化合物存储数据。在这种芯片中，信息以波的形式传播，当波沿着蛋白质分子链传播时，会引起蛋白质分子链中单键、双键结构顺序的变化，例如一列波传播到分子链的某一部位，它们就像硅芯片集成电路中的载流子那样传递信息。运算速度要比当今最新一代计算机快10万倍，它具有很强的抗电磁干扰能力，并能彻底消除电路间的干扰。能量消耗仅相当于普通计算机的十亿分之一，且具有巨大的存储能力。由于蛋白质分子能够自我组合，并且再生新的微型电路，使得生物计算机具有生物体的一些特点，如能发挥生物本身的调节机能，自动修复芯片上发生的故障，还能模仿人脑的机制等。

生物计算机的优越性是十分诱人的，现在世界上许多科学家在研制它，不少科学家认为，50年前的真空电子管，有谁会想到今天的电

子计算机能风靡全球；当前的生物计算机正在静悄悄地研制着，有朝一日出现在科技舞台上，就有可能彻底实现现有计算机无法实现的人类右脑的模糊处理功能和整个大脑的神经网络处理功能。

（2）二进制的非线性量子计算机

据美国IBM公司科学家伊萨克·张介绍，量子计算机是利用原子所具有的量子特性进行信息处理的一种全新概念的计算机。量子理论认为，非相互作用下，原子在任一时刻都处于两种状态，称之为量子超态。原子会旋转，即同时沿上、下两个方向自旋，这正好与电子计算机“0”与“1”完全吻合。如果把一群原子聚在一起，它们不会像电子计算机那样进行的线性运算，而是同时进行所有可能的运算，例如量子计算机处理数据时不是分步进行而是同时完成。只要40个

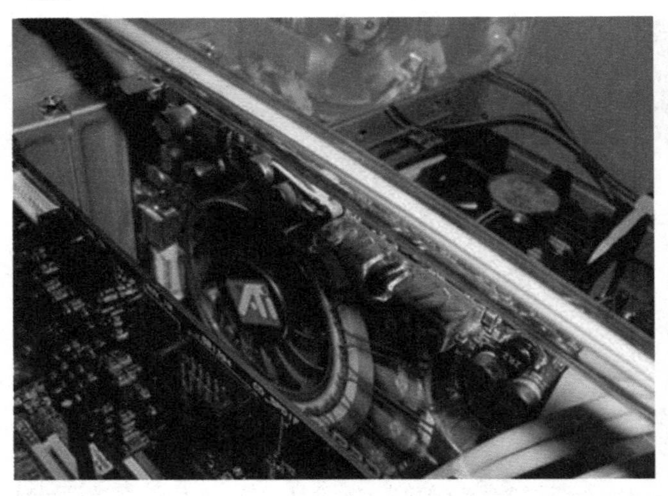

原子一起计算，就相当于今天一台超级计算机的性能。量子计算机以处于量子状态的原子作为中央处理器和内存，其运算速度可能比目前的奔腾4芯片快10亿倍，就像一枚信息火箭，在一瞬间搜寻整个互联网，可以轻易破解任何安全密码，黑客任务轻而易举，难怪美国中央情报局对它特别感兴趣。

（3）光子计算机

光子计算机是一种由光信号进行数字运算、逻辑操作、信息存贮和处理的新型计算机。光子计算机的基本组成部件是集成光路，要有激光器、透镜和核镜。

1990年初，美国贝尔实验室制成了世界上第一台光子计算机。由于光子比电子速度快，光子计算机的运行速度可高达一万亿次。它的存贮量是现代计算机的几万倍，还可以对语言、图形和手势进行识别与合成。

目前，许多国家都投入巨资对光子计算机进行研究。随着现代光

学与计算机技术、微电子技术的相结合，在不久的将来，光子计算机将成为人类普遍使用的工具。

★ 混合型计算机

混合计算机可以进行数字信息和模拟物理量处理的计算机系统。混合计算机通过模数转换器将数字计算机和模拟计算机连接在一起，构成完整的混合计算机系统。混合计算机一般由数字计算机、模拟计算机和混合接口三部分组成，其中模拟计算机部分承担快速计算的工作，而数字计算机部分则承担高精度运算和数据处理。混合计算机同时具有数字计算机和模拟计算机的特点：运算速度快、计算精度高、逻辑和存储能力强、存储容量大和仿真能力强。随着电子技术的不断发展，混合计算机主要应用于航空航天、导弹系统等实时性的复杂大系统中。

在混合计算机上操作时，来自

模拟计算机的模拟变量通过模数转换器转换为数字变量，传送至数字计算机。同时，来自数字计算机的数字变量通过数模转换器转换为模拟信号，传送至模拟计算机。除了计算变量的转换和传送外，还有逻辑信号和控制信号的传送。用以完成并进行运算的模拟计算机和串行运算的数字计算机在时间上同步。数字计算机每完成一帧运算，就与模拟计算机交换一次信息，修正一次数据，而在两次信息交换的时间间隔内，两种计算机都以前一帧的计算结果作为初值进行运算。这个时间间隔称为帧同步时间。对混合程序的设计，要求用户考虑模型在不同计算机上的分配、对帧同步时间的选择以及对连接系统硬件特性的了解等。

现代混合计算机已发展成为一种具有自动编排模拟程序能力的混合多处理机系统。它包括一台超

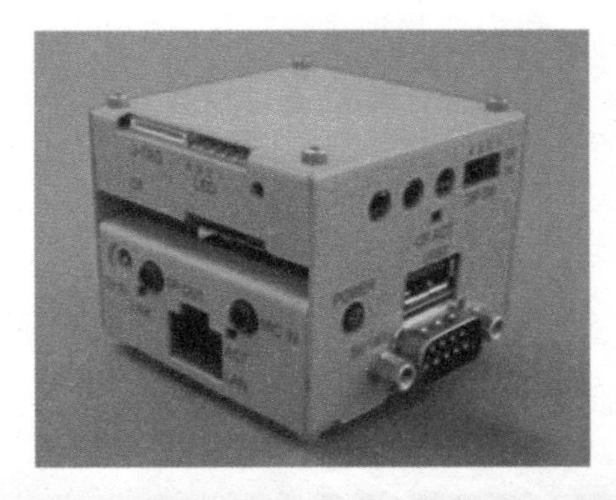

小型计算机、一两台外围阵列处理机、几台具有自动编程能力的模拟处理机；在各类处理机之间，通过

一个混合智能接口完成数据和控制信号的转换与传送。这种系统具有很强的实时仿真能力，但价格昂贵。

★ 智能型计算机

智能计算机迄今未有公认的定义。计算理论的奠基人之一A.图灵定义计算机为处理离散量信息的数字计算机。而对数字计算机能不能模拟人的智能这一原则问题，存在截然对立的看法。1937年A.丘奇和图灵分别独立地提出关于人的思维能力与递归函数的能力等价的假说。这一未被证明的假说后来被一些人工智能学者表述为：如果一个可以提交给图灵机的问题不能被图灵机解决，则这个问题用人类的思维也不能解决。这一学派继承了以逻辑思维为主的唯理论与还原论的哲学传统，强调数字计算机模拟人类思维的巨大潜力。另一些学者，如H.德雷福斯等哲学家肯定地认为以图灵机为基础的数字计算机不能模拟人的智能。他们认为数字计算机只能做形式化的信息处理，而人的智能活动不一定能形式化，也不一定是信息处理，不能把人类理智看成是由离散、确定的与环境局势无关的规则支配的运算。这一学派原则上不否认用接近于人脑的材料构成智能机的可能性，但这种广义的智能机不同于数字计算机。还有些学者认为不管什么机器都不可能模拟人的智能，但更多的学者相信大脑中大部分活动能用符号和计算来分析。必须指出，人们对于计算的理解在不断加深与拓宽。有些学者把可以实现的物理过程都看成计算过程。基因也可以看成开关，一个细胞的操作也能用计算加以解释，即所谓的分子计算。从这种意义讲，广义的智能计算机

与智能机器或智能机范畴几乎是一样的。

★ 单片型计算机

单片计算机是指将计算机的主要部件制作在一个集成芯片上的微型计算机。单片计算机又称为单片机或微控制器，从20世纪70年代开始，出现了4位单片计算机和8位单片计算机，20世纪80年代出现16位单片机，性能得到了很大的提升，20世纪90年代又出现了32位单片机和使用FLASH存储的微控制器。由于单片机的集成度高，所以单片计算机具有体积小、功耗低、控制功能强、扩展灵活、微型化和使用方便等优点，被广泛应用于智能仪器仪表的制造、通过构造应用系统应用于工业控制、家用智能电器的制造、网络通讯设备的使用和医疗卫生行业。

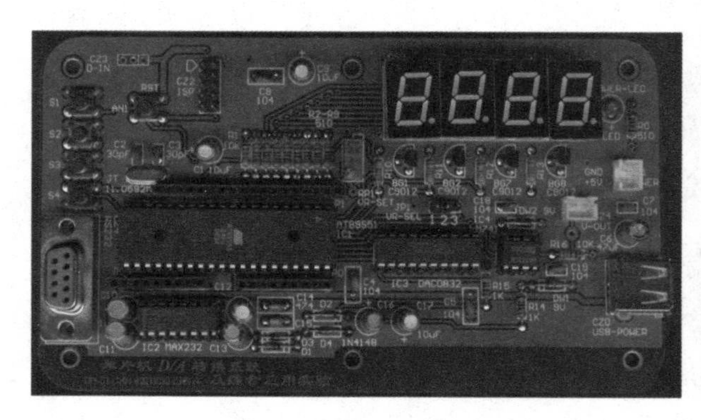

★ 多媒体计算机

多媒体计算机简称MPC，是能够对声音、图像、视频等多媒体信息进行综合处理的计算机。多媒体计算机一般指多媒体个人计算机，1985年出现了第一台多媒体计算机，其主要功能是指可以把音频视频、图形图像和计算机交互式控制结合起来，进

行综合的处理。多媒体计算机可分为家电制造厂商研制的电视计算机和计算机制造厂商研制的计算机电视。

（1）多媒体计算机的构成

多媒体计算机一般由四个部分构成：多媒体硬件平台（包括计算机硬件、声像等多种媒体的输入输出设备和装置）、多媒体操作系统、图形用户接口和支持多媒体数据开发的应用工具软件。随着多媒体计算机应用越来越广泛，在办公自动化领域、

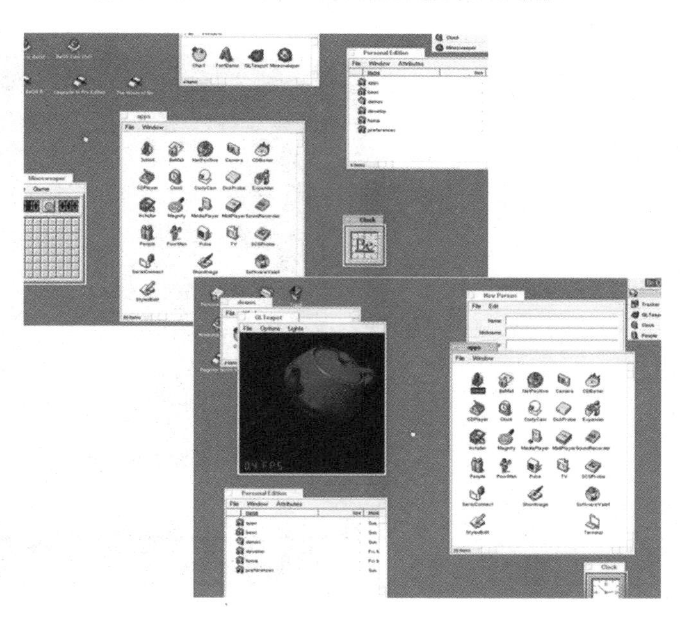

计算机辅助工作、多媒体开发和教育宣传等领域发挥了重要作用。

（2）多媒体计算机的功能

多媒体计算机除了使个人计算机能处理文字和数据之外，还具有处理输人、输出音频信号、视频信号的功能，能得到高品质的声音和图像画面。它同时具有电视机、录像机、卡拉OK、游戏机、激光播放机、计算机等多种功能，可以通过计算机进行工程设计、绘图、技术咨询、接收信息处理。当它应用

现代网络技术，通过光缆、现代通信设备与数据库联网后，可传送、接收和处理各种信息，实现远距离控制。

多媒体计算机得使用不仅使人类的工作更加生动和丰富多彩，并且更多地进入到了生活中。家庭影院的出现，使得我们可以随心所欲不受时间的限制去享受我们的业余生活，再也没有在电影院剧终人散依然意犹未尽的遗憾了；对于工作还可以用多媒体进行包装；对普通文档演示使其图文并茂，可以边工作边欣赏优美的乐曲，还可以用丰富的多媒体软件学习，随时随地为自己“充电”。

第四媒体

第四媒体也叫网络媒体。人们按照传播媒介的不同，把新闻媒体的发展划分为不同的阶段：以纸为媒介的传统报纸、以电波为媒介的广播和基于电视图像传播的电视，它们分别被称为第一媒体、第二媒体和第三媒体。

1998年5月，联合国秘书长安南在联合国新闻委员会上提出，在加强传统的文字和声像传播手段的同时，应利用最先进的第四媒体——互联网。自此，“第四媒体”的概念正式得到使用。将网络媒体称为“第四媒体”，是为了强调它同报纸、广播、电视等新闻媒介一样，是能够及时、广泛传递新闻信息的第四大新闻媒介。

从广义上说，“第四媒体”

通常就是指互联网，不过，互联网并非仅有传播信息的媒体功能，它还具有数字化、多媒体、实时性和交互性传递新闻信息的独特优势。因此从狭义上说，“第四媒体”是指基于互联网这个传输平台来传播新闻和信息的网络。“第四媒体”可以分为两部分，一是传统媒体的数字化，如人民日报的电子版，二是由于网络提供的便利条件而诞生的“新型媒体”，如新浪网。

★ 第四媒体的特点

第四媒体具有个性化、交互性、即时性、容量大、多媒体化和易于检索的特点，它的崛起，对传统媒体是一个很大的冲击，也给传统媒体的发展带来了新的机遇，传统媒体只有解放思想，更新观念，与时俱进，面向未来，才能跟上网络时代的发展步伐。相比前三媒体报纸、广

播、电视而言是单向的，由一些机构来控制发言权。而互联网不同，这里汇聚了全国众多的有智慧的人们，互联网具有互通互动互联的特点，加之让人与人之间的距离彻底的消失，人们开始把眼光看得更远，视野看得更大。人们不再是生活在很有限的小圈子里，思维也不再得不到拓展。互联网让知识的获取变得简单而容易，人们只要能认知到互联网最大的用处的时候，人们就可以很轻松的通过搜索来知道他们想知道的任何东西。

第四媒体的出现大大提高了人类交流信息的能力，它以传递信息迅速、信息量大、信息可以自由传递、自由交流、复制等传统媒体无法比拟的特点，对报刊、广播、电视等传统媒体产生了极大的冲击和影响。新闻工作者在这种环境下，不但要调整思维方式，树立起全球意识和新的大众观念，而且要不断更新知识结构，迎接挑战。

“第四媒体时代”网络空间的信息非常丰富，相对说观众的注意力成为一种短缺资源。有人把虚拟空间的竞争比喻为“争夺眼球的战争”，其激烈程度不亚于现实世界中的广告大战。

★ 第四媒体的功能

一般认为，作为大众媒介，其主要的功能为监视环境、决策参与、文化传承和教育以及提供娱乐等。

（1）监视环境功能

第四媒体及时向社会成员提供社会内部和外部环境的重要时间和最新变化。一旦上了因特网，报纸不再受到版面和截稿时间的限制，突发事件发生时可以在第一时间发布信息。与此同时，因特网可以向公众提供了更为广泛的信息源。国际组织、政府机构和社会团体可以设立自己的网站发布自己的信息。

（2）决策参与

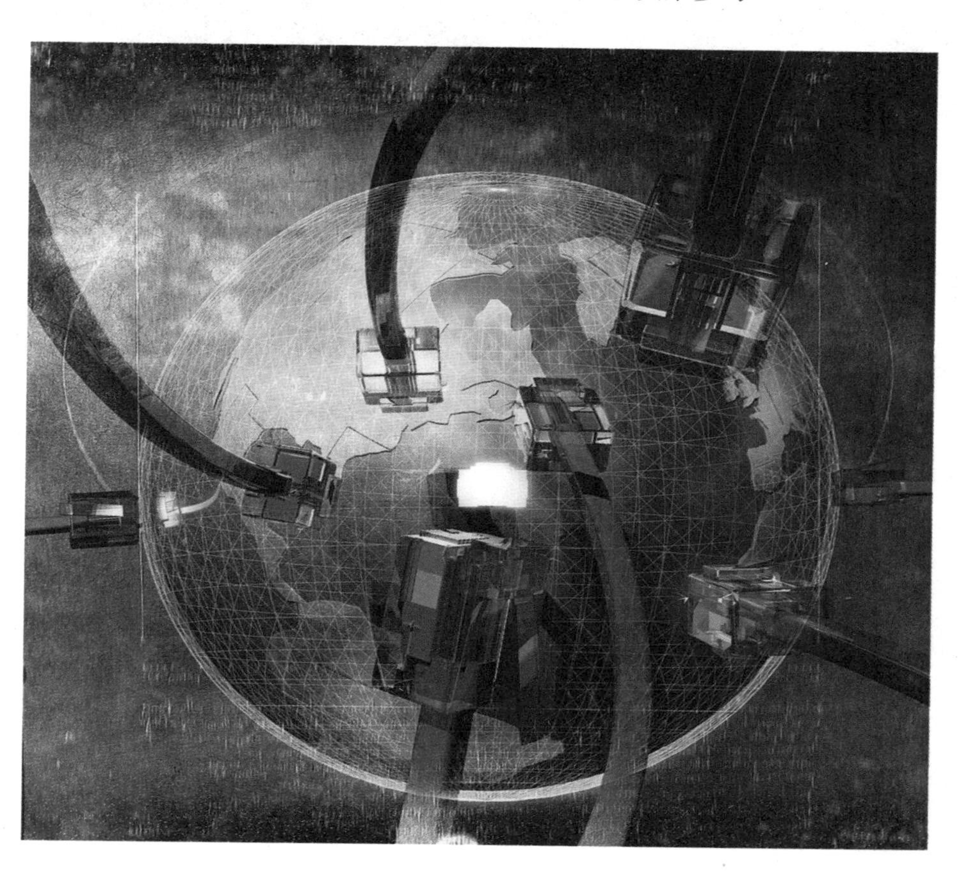

在传统的大众传播环境中，公众的知情权全是通过大众传媒来实现的。正如比尔·盖茨所说：“传媒上的每一次进步，都对人民和政府之间的对话有着极为重要的影响。”传统媒介固然可以反映民意，但是公众的直接反馈却不及时或者很少，因特网作为自由的信息平台，公众意见能够得到迅速、及时和充分的反馈。

（3）文化传承和教育

比尔·盖茨认为，由于有了信息网络，每一个社会成员包括孩子都可得到比今天任何人更多的信息，从而激发每个人的求知欲和想象力，网络时代给人们的教育观念和教育模式带来了极大的变化。

（4）娱乐功能

第一，网上信息极其丰富，世界有多大，网络就有多大；世界有多少信息，网络就有多少信息。

第二，网络表现形式丰富多样，随着技术的不断发展，网络具有的高速度、数字化、宽屏化、多媒体化和智能化将得到进一步发挥。

第三，跨越时空界限，及时迅速。

第四，第四媒体在信息传播过程中可以自由交互，接受者可以及时与信息的传播者对话，共同完成传播活动。

第五，网路提供个性化服务，也就是尼葛洛庞帝所说的“我的日报”“我的电视”。

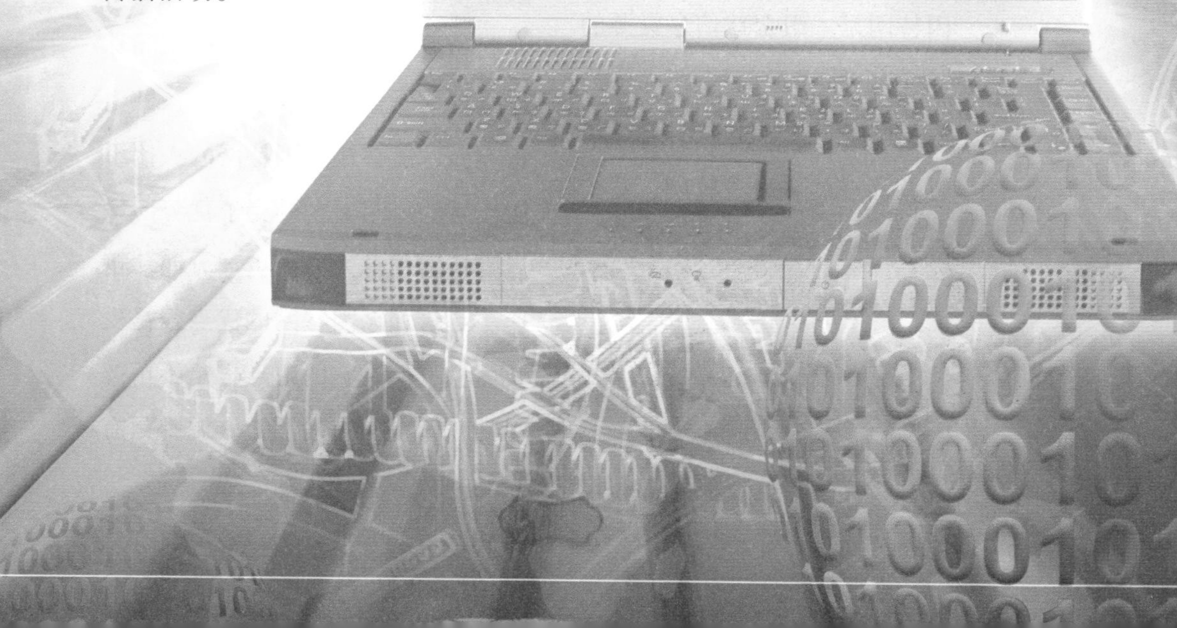

因特网

因特网是一组全球信息资源的总汇。有一种粗略的说法，认为Internet是由于许多小的网络（子网）互联而成的一个逻辑网，每个子网中连接着若干台计算机（主机）。Internet以相互交流信息资源为目的，基于一些共同的协议，并通过许多路由器和公共互联网而成，它是一个信息资源和资源共享的集合。计算机网络只是传播信息的载体，而Internet的优越性和实用性则在于其本身。因特网最高层域名分为机构性域名和地理性域名两大类，目前主要有14种机构性域名。

因特网大大提高了科研效率，它使科学家们很快地接触到其所研究领域中全球范围内的所有可用数据和成果。另外，由于信息和其他所有物质资源一样宝贵，在做生意方面，能够接触因特网的人比不能接触的要有更大的竞争优势。最后因特网使私人交流更加方便、迅速。尽管如今因特网的优点很是受人关注，但是它的缺点也是不可忽视的。不是所有的网上资源都是有

用而无害的，一些具有破坏性和带有色情东西会渗透到某些信息中，给网络造成极坏的影响。

因特网的迅速发展，已成为新的商业热点。目前网络商业总额已突破了100亿美元，到2001年可望达到2200亿美元。国际互联网Internet是未来信息高速公路的雏形及实验场。近年来的用户数量成爆炸性地增长，连入Internet的计算机不止千万，可见其规模之大。

★ 因特网的发展

Internet起源于美国，现在已是连通全世界的一个超级计算机互联网络。Internet在美国分为三个层次：底层为大学校园网或企业网，上一层为地区网，最高层为全国主干网，如国家自然科学基金网NSFnet等主干网。它们连通了美国东西海岸，并通过海底电缆或卫星通信等手段连接到世界各国。

Internet是近几年来最活跃的领域和最热门的话题，而且发展势头迅猛，已成为一种不可抗拒的潮流。今天，Internet已连接60 000多个网络，正式连接86个国家，电子信箱能通达150多个国家，有480多万台主机通过它连接在一起，用户有2500多万，每天的信息流量达到万亿比特以上，每月的电子信件突破10亿封。同时，Internet的应用业渗透到了各个领域，从学术研究到股票交易、从学校教育到娱乐游戏、从联机信息检索到在线居家购物等，都有长足的进步。

★ 因特网的特点

因特网在逻辑上是统一的、独立的，在物理上则由不同的网络互连而成。所以它的用户是不关心网络的连接，而只关心网间网所提供的丰富资源。其具有以下几个特点：

第一，因特网的用户与应用程序，不需要了解硬件连接的细节，可谓用户隐藏网间网的底层节点。

第二，因特网能通过中间网络收发数据与信息。

第三，网间网中所有计算机，可共享一个全局的标识符，即名字或地址集合。

第四，不必指定网络互连的拓扑结构，特别是在增加新网时，不要求全互联，亦不要求严格星型连接。

第五，用户界面独立于网络，就是说建立通信与传达数据的一系列操作，与低层网络技术及信宿机是无关的。

★ 因特网的现状

近年来随着社会科技、文化和经济的发展，特别是计算机网络技术和通信技术的大发展，人类社会从工业社会向信息社会过渡的趋势越来越明显，人们越来越重视对信息资源的开发和利用。这些都强烈刺激了ARPAnet和NSFnet的发展，使联入这两个网络的主机和用户数目急剧增加，1988年由NSFnet连接的计算机数就猛增到56000台，此后每年更以2到3倍的惊人速度向前发展，1994年Internet上的主机数目达到了320万台，连接了世界上的35000个计算机网络。现在Internet上已经拥有5000多万个用户，每月仍以10%～15%的数目向前增长。

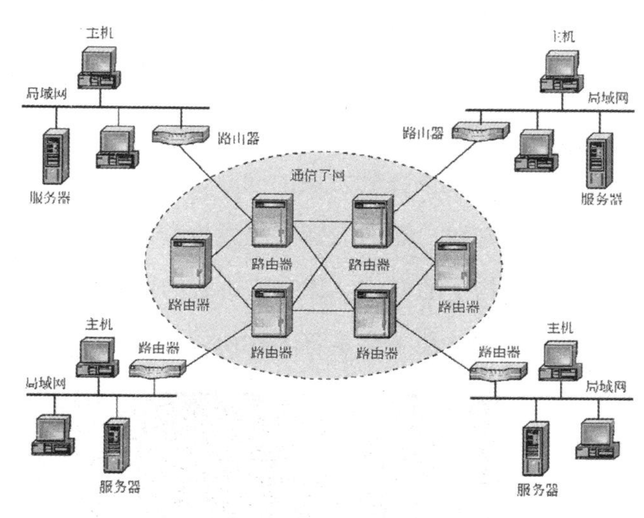

今天的Internet已不再是计算机人员和军事部门进行科研的领域，而是变成了一个开发和使用信息资源的覆盖全球的信息海洋。在Internet上，按从事的业务分类包括了广告公司、航空公司、农业生产公司、艺术、导航设备、书店、化工、通信、计算机、咨询、娱乐、

财贸、各类商店、旅馆等100多类，覆盖了社会生活的方方面面，构成了一个信息社会的缩影。由于商业应用产生的巨大需求，从调制解调器到诸如Web服务器和浏览器的Internet应用市场都分外红火。在Internet蓬勃发展的同时，其本身随着用户需求的转移也发生着产品结构上的变化。1994年所有的Internet软件几乎全是TCP/IP协议，那时人们需要的是能兼容TCP/IP协议的网络体系结构，如今Internet重心已转向具体的应用，大部分利用WWW来做广告或进行联机贸易。Web是Internet上增长最快的应用，其用户已从1994年的不到400万激增至1995年的1000万，Web站的数目到1995年已增至三万个。Internet已成为目前规模最大的国际性计算机网络。

★ 因特网的关键技术

（1）万维网WWW

万维网（World Wide Web，简称WWW）是Internet上集文本、声音、图像、视频等多媒体信息于一身的全球信息资源网络，是Internet上的重要组成部分。浏览器是用户通向WWW的桥梁和获取WWW信息的窗口，通过浏览器，用户可以在浩瀚的Internet海洋中漫游，搜索和浏览自己感兴趣的所有信息。

WWW的网页文件是超文件标记语言HTML编写，并在超文件传输协议HTTP支持下运行的。超文本中不仅含有文本信息，还包括图形、声音、图像、视频等多媒体信息（故超文本又称超媒体），更重要的是超文本中隐含着指向其他超文本的链接，这种链接称为超链（Hyper Links）。利用超文本，用户能轻松地从一个网页链接到其他相关内容的网页上，而不必关心这些网页分散在何处的主机中。

HTML并不是一种一般意义上的程序设计语言，它将专用的标记嵌入文档中，对一段文本的语义进行描述，经解释后产生多媒体效果，并可提供文本的超链。

WWW浏览器是一个客户端的程序，其主要功能是使用户获取Internet上的各种资源。常用的浏览器Microsoft的Internet Explorer（IE）和Netvigator/Communicator。SUN公司也开发了一个用Java编写的浏览器Hot Java。Java是一种新型的、独立于各种操作系统和平台的动态解释性语言，Java使浏览器具有了动画效果，为连机用户提供了实时交互功能。目前常用的浏览器

均支持Java。

（2）电子邮件E-mail

E-mail是Internet上使用最广泛的一种服务。用户只要与Internet连接，具有能收发电子邮件的程序及个人的E-mail地址，就可以与Internet上具有E-mail所有用户方便、快速、经济地交换电子邮件，也可以在两个用户间交换，也可以向多个用户发送同一封邮件，或将收到的邮件转发给其他用户。电子邮件中除文本外，还可包含声音、图像、应用程序等各类计算机文件。此外，用户还可以以邮件方式在网上订阅电子杂志、获取所需文件、参与有关的公告和讨论组，甚至还可浏览WWW资源。

收发电子邮件必须有相应的软件支持。常用的收发电子邮件的软件有Exchange、Outlook Express

等，这些软件提供邮件的接收、编辑、发送及管理功能。大多数Internet浏览器也都包含收发电子邮件的功能，如Internet Explorer和Navigator/Communicator。

邮件服务器使用的协议有简单邮件转输协议SMTP（SimpleMailTransfer-

Protocol）、电子邮件扩充协议MIME（Multipurpose Internet Mail Extensions）和邮局协议POP（Post Office Protocol）。POP服务需由一个邮件服务器来提供，用户必须在该邮件服务器上取得账号才可能使用这种服务。目前使用得较普遍的POP协议为第3版，故又称为POP3协议。

（3）Usenet

Usenet是一个由众多趣味相投的用户共同组织起来的各种专题讨论组的集合。通常也将之称为全球性的电子公告板系统（BBS）。Usenet用于发布公告、新闻、评论及各种文章供网上用户使用和讨论。讨论内容按不同的专题分类组织，每一类为一个专题组，称为新闻组，其内部还可以分出更多的子专题。

Usenet的每个新闻都由一个区分类型的标记引导，每个新闻组围绕一个主题，如comp.（计算机方面的内容）、news.（Usenet本身的新闻与信息）、rec.（体育、艺术及娱乐活动）、sci.（科学技术）、soc.（社会问题）、talk.（讨论交流）、misc.（其他杂项话题）、biz.（商业方面问题）等。

用户除了可以选择参加感兴趣的专题小组外，也可以自己开设新的专题组。只要有人参加，该专题组就可以一直存在下去；若一段时间无人参加，则这个专题组便会被自动删除。

（4）文件传输FTP

FTP（File Transfer Protocol）协议是Internet上文件传输的基础，通常所说的FTP是基于该协议的一种服务。FTP文件传输服务允许Internet上的用户将一台计算机上的文件传输到另一台上，几乎所有类型的文件，包括文本文件、二进制可执行文件、声音文件、图像文件、数据压缩文件等，都可以用FTP传送。

FTP实际上是一套文件传输服务软件，它以文件传输为界面，使用简单的get或put命令进行文件的下载或上传，如同在Internet上执行文件复制命令一样。大多数

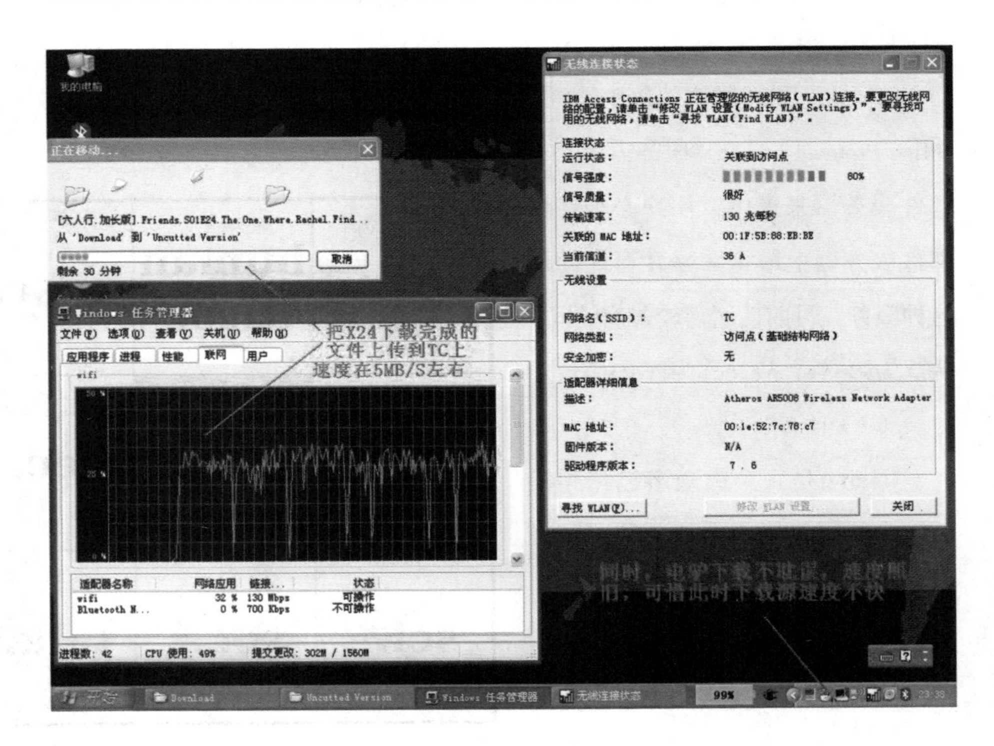

FTP服务器主机都采用Unix操作系统，但普通用户通过Windows95或Windows98也能方便地使用FTP。

FTP最大的特点是用户可以使用Internet上众多的匿名FTP服务器。所谓匿名服务器，指的是不需要专门的用户名和口令就可进入的系统。用户连接匿名FTP服务器时，都可以用“anonymous”（匿名）作为用户名、以自己的E-mail地址作为口令登录。登录成功后，用户便可以从匿名服务器上下载文件。匿名服务器的标准目录为pub，用户通常可以访问该目录下所有子目录中的文件。考虑到安全问题，大多数匿名服务器不允许用户上传文件。

（5）远程登陆Telnet

Telnet是Internet远程登陆服务的一个协议，该协议定义了远程登录用户与服务器交互的方式。Telnet允许用户在一台连网的计算机上登录到一个远程分时系统中，

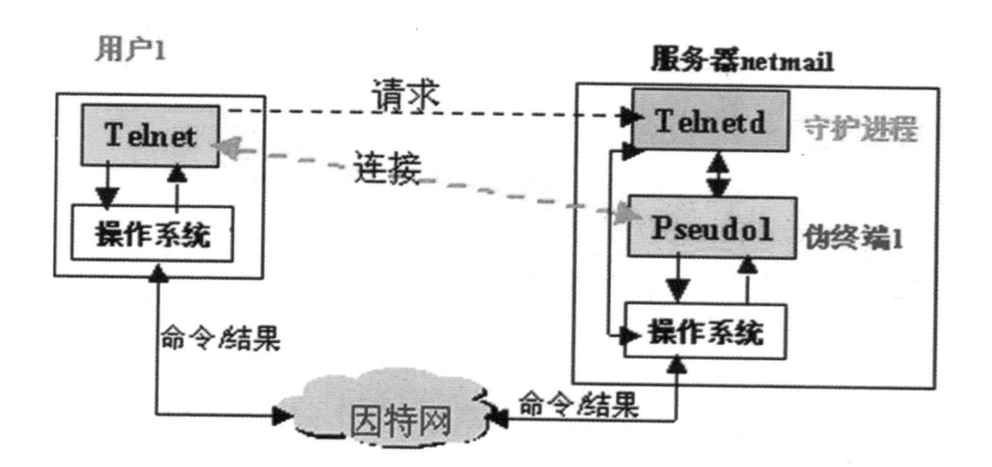

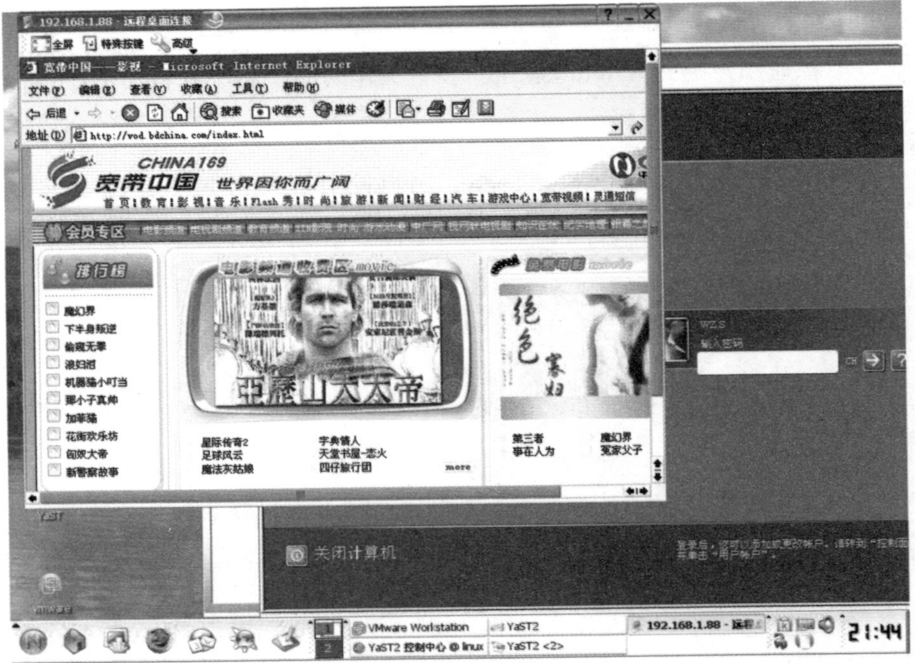

然后像使用自己的计算机一样使用该远程系统。

要使用远程登录服务，必须在本地计算机上启动一个客户应用程序，指定远程计算机的名字，并通过Internet与之建立连接。一旦连接成功，本地计算机就像通常的终端一样，直接访问远程计算机系统的资源。远程登录软件允许用户直接与远程计算机交互，通过键盘或鼠标操作，客户应用程序将有关的信息发送给远程计算机，再由服务器将输出结果返回给用户。用户退出远程登录后，用户的键盘、显示控制权又回到本地计算机。一般用户可以通过Windows的Telnet客户程序进行远程登录。

网上购物

网上购物，通常简称“网购”，就是通过互联网检索商品信息，并通过电子订购单发出购物请求，然后填上私人支票帐号或信用卡的号码，厂商通过邮购的方式发货，或是通过快递公司送货上门。国内的网上购物，一般付款方式是款到发货（直接银行转帐，在线汇款。比如亿人购物商城、瑞丽时尚商品批发网），担保交易（淘宝支付宝、百度百付宝、腾讯财付通等的担保交易），货到付款等。

★ 网上购物的发展

网络蕴含着巨大的商业潜能。其中最为面向大众的网上商务就是网上购物。在现实世界里，购物是人类最古老、最广泛、最简单的商务活动，传

统的销售模式，主要有百货商店、专卖店、连锁店、超市、仓储商场等。但是，现代化的生活节奏已使消费者用于外出购物的时间越来越少，拥挤的交通和日益扩大的店面，耗费了消费者大量的时间和精力，商品的多样化也使消费者难以辨别出自己所需的商品，消费者迫不及待地需要一种全新的快速方便的购物方式和服务。由此网上购物应运而生。在因特网发达的国家，到“虚拟商城”去购物，俨然成为一种社会风气。

1994年，互联网席卷全球，居住在美国纽约的一个古巴移民的后裔，年仅29岁的贝佐斯有一天看到一则数据统计：互联网的成

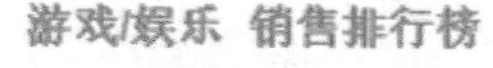

长速率每年高达2300%。他便由此受到启发，辞掉现有的工作，离家前往西雅图选择创业，开设了一家网络书店名为“亚马逊书店”。与传统书店不同，贝佐斯不用租店面，招聘了四名程序员后，就开始在自家的车库里为亚马逊的运营编写程序。1995年7月，亚马逊书店卖出了第一本书。书店24小时营业，年销量达到上亿美元，购书订户遍布世界各地。除了书籍，亚马逊还供应CD、audiobook有声书、数字影音光碟以及游戏软件等，共高达470万件。其种类之多，也是世上少见的。经过4年多的发展，亚马逊成为因特网首个最大的书店，击败了创立125年的巴诺书店。

★ 网上购物的优劣势

现实中的东西，因为地区差异会经过很多道环节，因此成本被一步步升高，价格也相对变高。网络上的卖家很多都有各自的渠道和价格优势，加上网络平台提供给大家广大的竞争平台，价格相比而言低很多，网络卖家好多都是厂方直接在销售。网络购买因为快递、便捷，加上EMS等运输网络的健全，因此越来越成为很多人的购物选择。

网上购物最大的优势在于方便。相对于传统购物而言，忙于奔波的劳苦没有了，再也不必挨家

挨户地查找、比较，只要坐在电脑前，轻点鼠标，就可以在各家商店自由寻觅。集搜索、订购、付款于一体，一气呵成，付款后只等有人送货上门，并具有完善的售后服务，同时网上购物价格相对便宜。网上购物消费者可以避开传统商店刻板的作息时间，在因特网上全球性及全天候的虚拟商场里，大范围的自由自在地进行比较，从而获得最佳的商品性能和价格。由于省去了中间商等若干环节，成本较低，所以都能以低于市场价的方式打折销售。

其次，网络上的购物站点是建立在虚拟的数字化空间里，它借助网络来展示商品，并利用网络的多媒体特性来加强商品的可视性、选择性、对比性，使消费者可以全面地查看所购物品的方方面面，因而消费者具有更大的灵活性和自由度。为了方便消费者网上购物，目前出现了相关的网络购物软件，即购物向导或购物机器人。购物向导可以让用户根据自己的购物需要，查询、访问出售产品的商店，便于

用户对所需购买的物品进行比较。

对于商家来说，由于网上销售没有库存压力、经营成本低、经营

规模不受场地限制等，商家可以承接订单，实行一种完全开放的24小时全天候服务，不受地理范围的限制，灵活方便地从全球各地争取大客户。在将来，会有更多的企业选择网上销售，通过互联网对市场信息的及时反馈适时调整经营战略，以此提高企业的经济效益和参与国际竞争的能力。

再次，对于整个市场经济来说，这种新型的购物模式可在更大的范围内、更多的层面上以更高的效率实现资源配置。

网上购物突破了传统商务的障碍，无论对消费者、企业还是市场都有着巨大的吸引力和影响力，在新经济时期无疑是达到“多赢”效果的理想模式。

而不愿使用网上购物的人则表示，最担心的是商品质量难以保证。而这种担忧的源头则来自于网络的虚拟和商家信用度的欠缺。其次，传统的消费文化理念也使多数人更愿意在商场购物。同时，对于具有购物欲望的消费者来说，无法预先体验商品也是一大壁垒。除此之外，网络交易的安全性又是存在隐患的，网民最担心被人恶意侵犯隐私和被人偷盗银行账号和密码。

网上银行

网上银行又称网络银行、在线银行，是指银行利用Internet技术，通过Internet向客户提供开户、销户、查询、对帐、行内转帐、跨行转帐、信贷、网上证券、投资理财等传统服务项目，使客户可以足不出户就能够安全便捷地管理活期和定期存款、支票、信用卡及个人投资等。可以说，网上银行是在Internet上的虚拟银行柜台。网上银行又被称为“3A银行”，因为它不受时间、空间限制，能够在任何时间、任何地点、以任何方式为客户提供金融服务。

网上银行包含两个层次的含义，一个是机构概念，指通过信息网络开办业务的银行；另一个是业务概念，指银行通过信息网络提供的金融服务，包括传统银行业务和因信息技术应用带来的新兴业务。

在日常生活和工作中，我们提及网上银行，更多是第二层次的概念，即网上银行服务的概念。网上银行业务不仅仅是传统银行产品简单从网上的转移，其服务方式和内涵也发生了一定的变化，而且由于信息技术的应用，又产生了一些全新的业务品种。

网上银行交易手段虚拟化。实现了交易的无纸化、业务无纸化和办公无纸化，所有传统银行使用的票据和单据全面电子化。例如电子支票、电子汇票和电子收据等。在这里，不再使用纸币，而改变为电子货币，即虚拟货币。一切银行的业务文件和办公文件完全改为电子化文件、电子化票据和单据，签名也采用数字化签名。银行与客户相互之间纸面票据和各种书面文件的传送，不再以邮寄的方式进行，而是利用计算机和数据通信网传送，利用电子数据交换进行往来结算。

付宝 收银台

自 广州华多网络科技有限公司 的即时到账交易，直接付款给商家。

名称	应付总价
201004161616445790766285-弹弹堂点卷-quest3-50.0-duowan	50.00 元

使用支付宝余额付款 | 使用网上银行付款 | “支付宝卡通”付款 | 网点付款

应付总价：
50.00 元

选择网上银行：如何开通网上银行？ 超过银行支付限额了怎么办？

中国工商银行　招商银行　中国建设银行　中国银行　中国农业银行
交通银行　浦发银行　广东发展银行　中信银行　中国光大银行
兴业银行　深圳发展银行　中国民生银行　杭州银行　宁波银行
平安银行　上海银行　中国工商银行　中国建设银行　中国农业银行
浦发银行

输入常用的email地址或手机号码：

★ 网上银行的历史发展

从20世纪60年代的电子数据处理系统，到80年代的联机服务，再到90年代的在线服务，银行一直走在信息领域商业应用的前列。银行是支持电子商务正常运作的中枢。

1995年10月，美国的花旗银行率先在Internet上设立网站，带动了全球银行的网络热潮，虚拟银行的雏形浮现。

1999年底，招商银行武汉分行在国内银行业首家推出网上企业银行。用户借助互联网，只需点击鼠标便可完成一系列业务的操纵。

中国银行从1996年年底开始与北京的两家ISP进行网上交易的合作。1998年3月国内第一笔Internet网上电子交易成功。

网上企业银行的出现，使企业足不出户便可以享受到银行24小时的多项金融服务，及时灵活地进行账目查询、投资理财、核对账户余额等业务。

★ 网上银行的特征

（1）依托迅猛发展的计算机和计算机网络与通讯技术，利用渗透到全球每个角落的互联网。

（2）突破了银行传统的业务操作模式，摒弃了银行有店堂前台接柜开始的传统服务流程，把银行的业务直接在互联网上推出。

（3）个人用户不仅可以通过

网上银行查询存折帐户、信用卡帐户中的余额以及交易情况，还可以通过网络自动定期交纳各种社会服务项目的费用，进行网络购物。

（4）企业集团用户不仅可以查询本公司和集团子公司帐户的余额、汇款、交易信息，并且能够在网上进行电子交易。

（5）网上银行还提供网上支票报失、查询服务，维护金融秩序，最大限度减少国家、企业的经济损失。

（6）网上银行服务采用多种先进技术来保证交易的安全，不仅用户、商户和银行三者的利

益能够得到保障，而且随着银行业务的网络化，商业犯罪将更难以找到可乘之机。

★ 网上银行业务的优势

与传统银行业务相比，网上银行业务有许多优势。

（1）大大降低银行经营成本，有效提高银行盈利能力。开办网上银行业务，主要利用公共网络资源，不需设置物理的分支机构或营业网点，减少了人员费用，提高了银行后台系统的效率。

（2）无时空限制，有利于扩

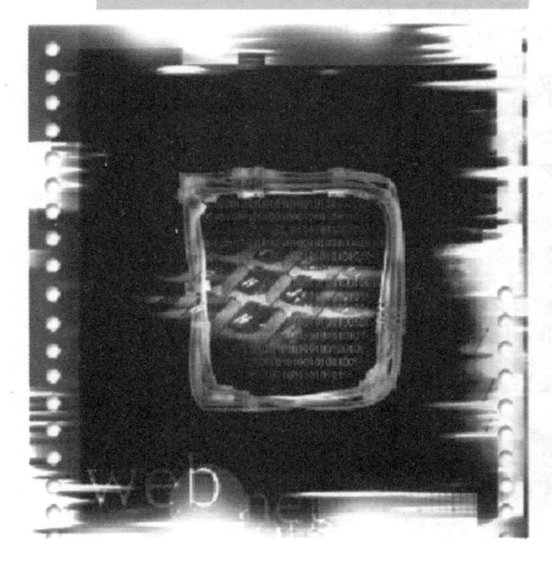

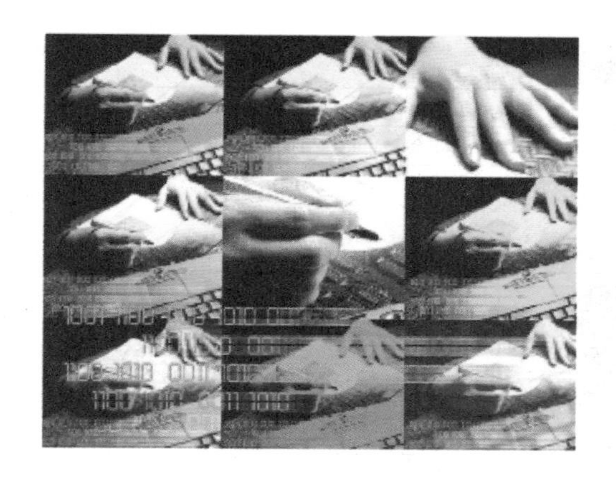

大客户群体。网上银行业务打破了传统银行业务的地域、时间限制，具有“3A”特点，即能在任何时候、任何地方、以任何方式为客户提供金融服务，这既有利于吸引和保留优质客户，又能主动扩大客户群，开辟新的利润来源。

（3）有利于服务创新，向客户提供多种类、个性化服务。通过银行营业网点销售保险、证券和基金等金融产品，往往受到很大限制，主要是由于一般的营业网点难以为客户提供详细的、低成本的信息咨询服务。利用互联网和银行支付系统，容易满足客户咨询、购买和交易多种金融产品的需求，客户除办理银行业务外，还可以很方便地进行网上买卖股票债券等，网上银行能够为客户提供更加合适的个性化金融服务。

★ 网上银行业务

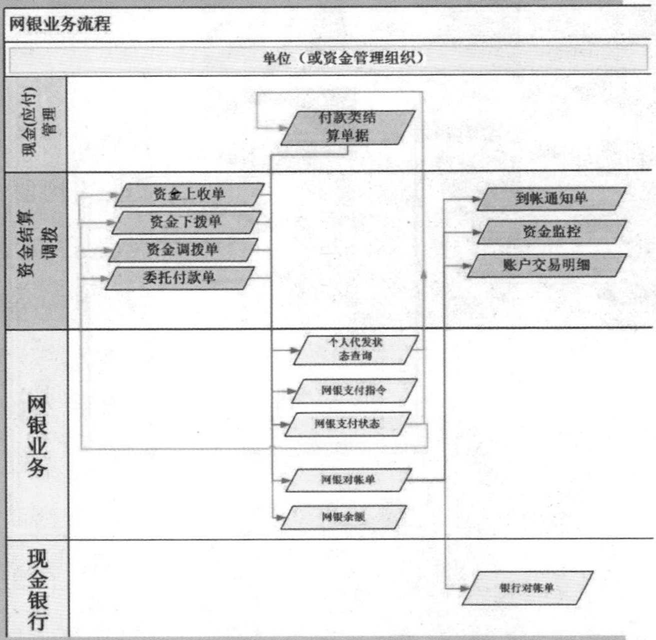

目前网上银行业务层次不一，一般说来网上银行的业务品种主要包括基本业务、网上投资、网上购物、个人理财、企业银行及其他金融服务。

网银业务流程
单位（或资金管理组织）
现金(应付)管理
付款类结算单据
资金结算调拨
资金上收单
资金下拨单
资金调拨单
委托付款单
到帐通知单
资金监控
账户交易明细
网银业务
个人代发状态查询
网银支付指令
网银支付状态
网银对帐单
网银余额
现金银行
银行对账单

基本网上银行业务。商业银行提供的基本网上银行服务包括：在线查询账户余额、交易记录，下载数据，转账和网上支付等。

网上投资。由于金融服务市场发达，可以投资的金融产品种类众多，国外的网上银行一般提供包括股票、期权、共同基金投资和CDS买卖等多种金融产品服务。

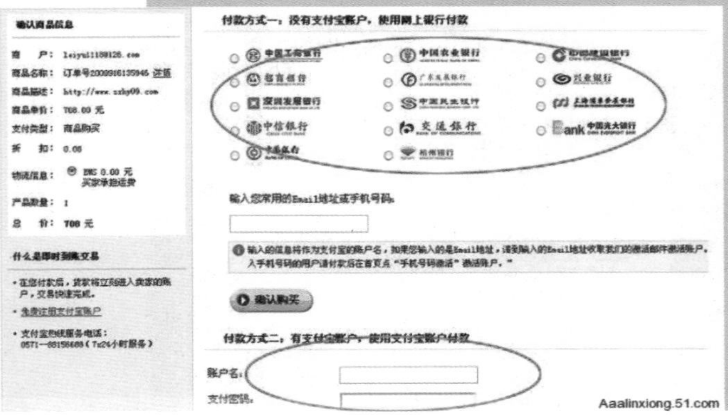

付款方式一：没有支付宝账户，使用网上银行付款
输入您常用的Email地址或手机号码。
确认购买
付款方式二：有支付宝账户，使用支付宝账户付款
账户名：
支付密码：
Aaalinxiong.51.com

网上购物。商业银行在网上银行设立的网上购物协助服务，大大方便了客户网上购物，为客户在相同的服务品种上提供了优质的金融服务或相关的信息服务，加强了商业银行在传统竞争领

域的竞争优势。

个人理财助理。个人理财助理是国外网上银行重点发展的一个服务品种。各大银行将传统银行业务中的理财助理转移到网上进行，通过网络为客户提供理财的各种解决方案，提供咨询建议，或者提供金融服务技术的援助，从而极大地扩大了商业银行的服务范围，并降低了相关的服务成本。

企业银行。企业银行服务是网上银行服务中最重要的部分之一。其服务品种比个人客户的服务品种更多，也更为复杂，对相关技术的要求也更高，所以能够为企业提供网上银行服务是商业银行实力的象征之一，一般中小网上银行或纯网上银行只能部分提供，甚至完全不提供这方面的服务。企业银行服务一般提供账户

个人网上银行

·投资理财· 我要贷款>>

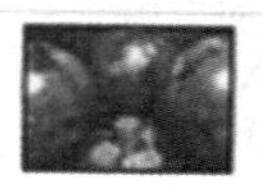

小额购汇

为您提供网银办理小额购汇，并能在线查询、打印交易明细的服务。

◎理财服务协议 ◎第三方存管被过滤广告 ◎跨国理财 ◎网上理财产品

·转账汇款·

跨境汇款

是指通过工行向大陆以外地区银行开户的个人进行外汇汇款。

◎牡丹卡自动还款 ◎工行汇款被过滤广告 ◎跨行汇款 ◎注册账户转账

·缴费支付·

B2C、C2C在线支付被过滤广告

您可以在与我行合作的特约网站上进行网上购物。

◎自助缴费 ◎代缴学费 ◎委托代扣 ◎信用支付被过滤广告

·账户管理·

企业年金查询

您可以随时查询您的企业年金个人账户的基本信息和供款明细。

◎电子工资单查询 ◎网上信用卡服务 ◎牡丹卡结算清单 ◎个人电子对账单

余额查询、交易记录查询、总账户与分账户管理、转账、在线支付各种费用、透支保护、储蓄账户与支票账户资金自动划拨、商业信用卡等服务。此外，还包括投资服务等。部分网上银行还为企业提供网上贷款业务。

其他金融服务除了银行服务外，大商业银行的网上银行均通过自身或与其他金融服务网站联合的方式，为客户提供多种金融服务产品，如保险、抵押等，以扩大网上银行的服务范围。

第二章

畅谈激光科技

1960年一种神奇的光诞生了，它就是激光。激光的英文名称是Laser，它是英语短语“受激发射光放大”中每个实词第一个字母组成的缩略词，它包含了激光产生的由来。激光是20世纪以来，继原子能、计算机、半导体之后，人类的又一重大发明，被称为“最快的刀”“最准的尺”“最亮的光”和“奇异的激光”。它的亮度为太阳光的100亿倍。它一出现就创造了许多奇迹，真可谓“一鸣惊人”。经过30多年的发展，激光现在几乎是无处不在，它已经被用在生活、科研的方方面面：激光针灸、激光裁剪、激光切割、激光焊接、激光淬火、激光唱片、激光测距仪、激光陀螺仪、激光铅直仪、激光手术刀、激光炸弹、激光雷达、激光枪、激光炮等。激光可使人们有效地利用前所未有的先进方法和手段，去获得空前的效益和成果，从而促进了生产力的发展。

该项目在华中科技大学武汉光电国家实验室和武汉东湖中国光谷得到充分体现，也在军事上起到了重大作用。在不久的将来，激光肯定会有更广泛的应用。

激 光

激光的最初的中文名叫做“镭射”“莱塞”，是它的英文名称LASER的音译，是取自英文Light Amplification by Stimulated Emission of Radiation的各单词头一个字母组成的缩写词。意思是“通过受激发射光扩大”。激光的英文全名已经完全表达了制造激光的主要过程。1964年按照我国著名科学家钱学森的建议将“光受激发射”改称为“激光”。

激光的原理早在1916年已被著名的物理学家爱因斯坦发现，但直到1958年激光才被首次成功制造。

激光是在有理论准备和生产实践迫切需要的背景下应运而生的，它一问世，就获得了异乎寻常的飞快发展，激光的发展不仅使古老的光学科学和光学技术获得了新生，而且导致整个一门新兴产业的出现。

★ 激光的产生

若原子或分子等微观粒子具有高能级E_2和低能级E_1，E_2和E_1能级上的布居数密度为N_2和N_1，在两能级间存在着自发发射跃迁、受激发射跃迁和受激吸收跃迁等三种过程。受激发射跃迁所产生的受激发射光，与入射光具有相同的频率、相位、传播方向和偏振方向。因此，大量粒子在同一相干辐射场激发下产生的受激发射光是相干的。受激发射跃迁几率和受激吸收跃迁几率均正比于入射辐射场的单色能量密度。当两个能级的统计

权重相等时，两种过程的几率相等。在热平衡情况下$N_2<N_1$，所以受激吸收跃迁占优势，光通过物质时通常因受激吸收而衰减。外界能量的激励可以破坏热平衡而使$N_2>N_1$，这种状态称为粒子数反转状态。在这种情况下，受激发射跃迁占优势。光通过一段长为l的处于粒子数反转状态的激光工作物质（激活物质）后，光强增大eGl倍。G为正比于（N_2-N_1）的系数，称为增益系数，其大小还与激光工作物质的性质和光波频率有关。一段激活物质就是一个激光放大器。

如果把一段激活物质放在两个互相平行的反射镜（其中至少有一个是部分透射的）构成的光学谐振腔中，处于高能级的粒子会产生各种方向的自发发射。其中，非轴向传播的光波很快逸出谐振腔外：轴向传播的光波却能在腔内往返传播，当它在激光物质中传播时，光强不断增长。如果谐振腔内单程小信号增益G0l大于单程损耗δ（G0l是小信号

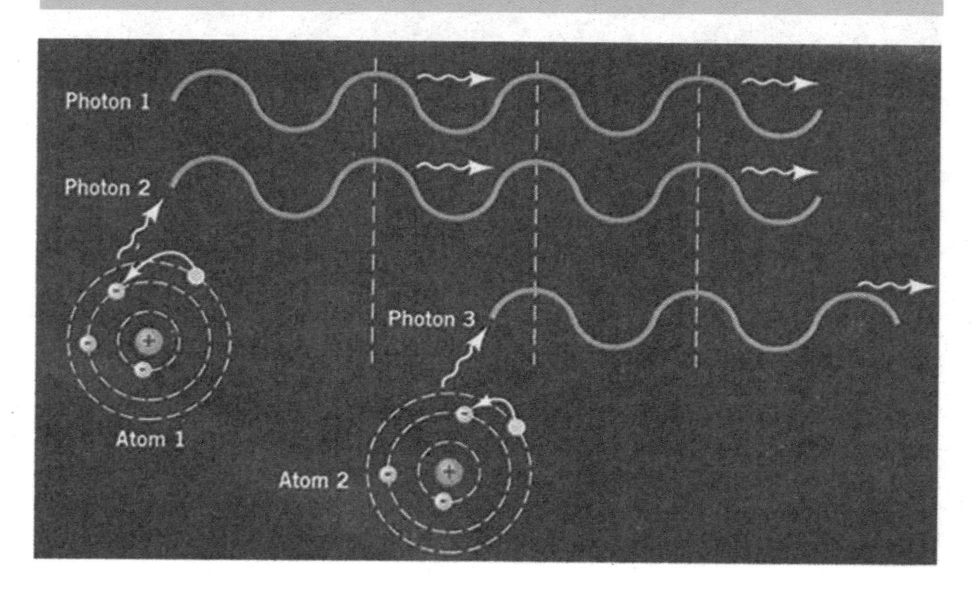

增益系数），则可产生自激振荡。

原子的运动状态可以分为不同的能级，当原子从高能级向低能级跃迁时，会释放出相应能量的光子（所谓自发辐射）。同样的，当一个光子入射到一个能级系统并为之吸收的话，会导致原子从低能级向高能级跃迁（所谓受激吸收）；然后，部分跃迁到高能级的原子又会跃迁到低能级并释放出光子（所谓受激辐射）。这些运动不是孤立的，而往往是同时进行的。当我们创造一种条件，譬如采用适当的媒质、共振腔、足够的外部电场，受激辐射得到放大从而比受激吸收要多，那么总体而言，就会有光子射出，从而产生激光。

激光玻璃

激光玻璃是一种以玻璃为基质的固体激光材料。它广泛应用于各类型固体激光光器中，并成为高功率和高能量激光器的主要激光材料。

激光玻璃由基质玻璃和激活离子两部分组成。激光玻璃各种物理化学性质主要由基质玻璃决定，而它的光谱性质则主要由激活离子决定。但是基质玻璃与激活离子彼此间互相作用，所以激活离子对激光玻璃的物理化学性质有一定的影响，而基质玻璃对它的光谱性质的影响有时还是相当重要的。

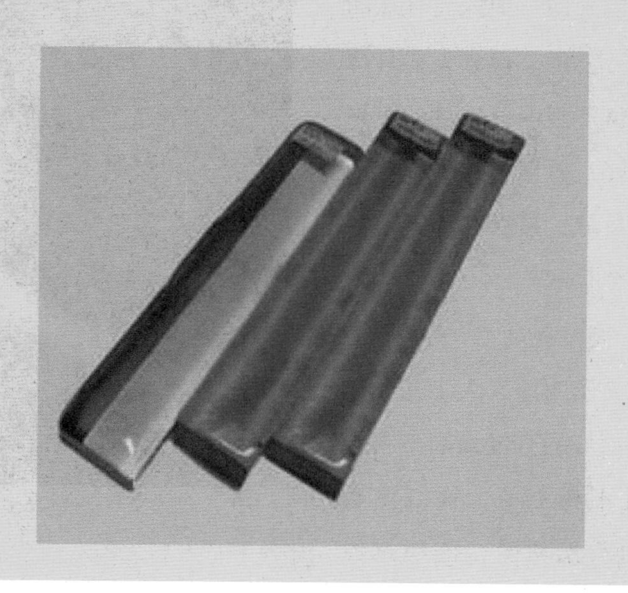

★ 激光的特点

（1）定向发光

普通光源是向四面八方发光。要让发射的光朝一个方向传播，需要给光源装上一定的聚光装置，如汽车的车前灯和探照灯都是安装有聚光作用的反光镜，使辐射光汇集起来向一个方向射出。激光器发射的激光，天生就是朝一个方向射出，光束的发散度极小，大约只有0.001弧度，接近平行。1962年人类第一次使用激光照射月球，地球离月球的距离约38万公里，但激光在月球表面的光斑不到两公里。若以聚光效果很好，看似平行的探照灯光柱射向月球，按照其光斑直径将覆盖整个月球。

（2）亮度极高

在激光发明前，人工光源中高压脉冲氙灯的亮度最高，与太阳的亮度不相上下，而红宝石激光器的激光亮度，能超过氙

灯的几百亿倍。因为激光的亮度极高，所以能够照亮远距离的物体。红宝石激光器发射的光束在月球上产生的照度约为0.02勒克斯（光照度的单位），颜色鲜红，激光光斑明显可见。若用功率最强的探照灯照射月球，产生的照度只有约一万亿分之一勒克斯，人眼根本无法察觉。激光亮度极高的主要原因是定向发光。大量光子集中在一个极小的空间范围内射出，能量密度自然极高。

（3）颜色极纯

光的颜色由光的波长（或频率）决定。一定的波长对应一定的颜色。太阳光的波长分布范围约在0.76微米至0.4微米之间，对应的颜色从红色到紫色共7种颜色，所以太阳光谈不上单色性。发射单种颜色光的光源称为单色光源，它发射的光波波长单一。比如氪灯、氦灯、氖灯、氢灯等

都是单色光源，只发射某一种颜色的光。单色光源的光波波长虽然单一，但仍有一定的分布范围。如氖灯只发射红光，单色性很好，被誉

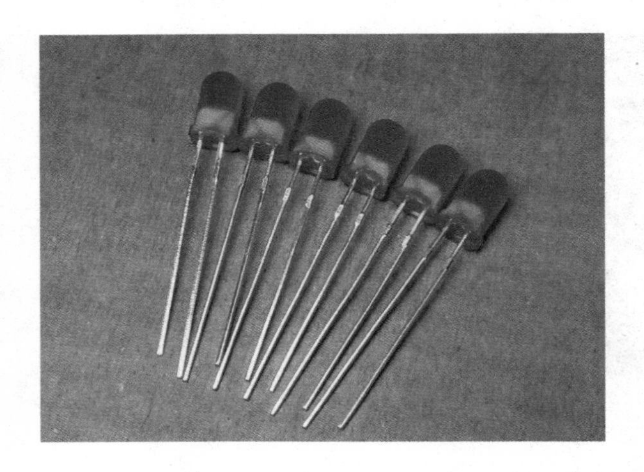

为单色性之冠，波长分布的范围仍有0.00001纳米，因此氖灯发出的红光，若仔细辨认仍包含有几十种红色。由此可见，光辐射的波长分布区间越窄，单色性越好。

激光器输出的光，波长分布范围非常窄，因此颜色极纯。以输出红光的氦氖激光器为例，其光的波长分布范围可以窄到2×10^{-9}纳米，是氖灯发射的红光波长分布范围的万分之二。由此可见，激光器的单色性远远超过任何一种单色光源。

（4）能量密度极大

光子的能量是用E=hf来计算的，其中h为普朗克常量，f为频率。由此可知，频率越高，能量越高。激光频率范围从3.846×10^{14}赫兹到7.895×10^{14}赫兹。电磁波谱可大致分为：①无线电波——波长从几千米到0.3米左右，一般的电视和无线电广播的波段就是用这种波；②微波——波长从0.3米到10^{-3}米，这些波多用在雷达或其它通讯系统；③红外线——波长从10^{-3}

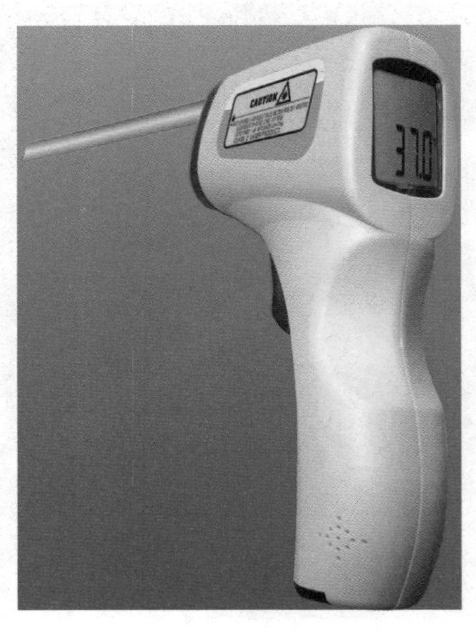

米到7.8×10^{-7}米；④可见光——这是人们所能感光的极狭窄的一个波段。波长从780～380纳米。光是原子或分子内的电子运动状态改变时所发出的电磁波。由于它是我们能够直接感受而察觉的电磁波极少的那一部分；⑤紫外线——波长从3×10^{-7}米到6×10^{-10}米。这些波产生的原因和光波类似，常常在放电时发出。由于它的能量和一般化学反应所牵涉的能量大小相当，因此紫外光的化学效应最强；⑥伦琴射线——这部分电磁波谱，波长从2×10^{-9}米到6×10^{-12}米。伦琴射线（X射线）是电原子的内层电子由一个能态跳至另一个能态时或电子在原子核电场内减速时所发出的；⑦γ射线——是波长从10^{-10}～10^{-14}米的电磁波。这种不可见的电磁波是从原子核内发出来的，放射性物质或原子核反应中常有这种辐射伴随着发出。γ射线的穿透力很强，对生物的破坏力很大。由此看来，激光能量并不算很大，但是它的能

量密度很大（因为它的作用范围很小，一般只有一个点），短时间里聚集起大量的能量，用做武器也就可以理解了。

此外，激光还有其他特点：相干性好。激光的频率、振动方向、相位高度一致，使激光光波在空间重叠时，重叠区的光强分布会出现稳定的强弱相间现象。这种现象叫做光的干涉，所以激光是相干光。而普通光源发出的光，其频率、振动方向、相位不一致，称为非相干光。闪光时间可以极短。由于技术上的原因，普通光源的闪光时间不可能很短，照相用的闪光灯，闪光时间是千分之一秒左右。脉冲激光的闪光时间很短，可达到6飞秒（1飞秒=10^{-15}秒）。闪光时间极短的光源在生产、科研和军事方面都有重要的用途。

激光技术

激光具有单色性好、方向性强、亮度高等特点。根据不同的使用要求，采取一些专门的技术提高输出激光的光束质量和单项技术指标，比较广泛应用的单元技术有共振腔设计与选模、倍频、调谐、Q开关、锁模、稳频和放大技术等。

★ 激光技术在军事上的应用

为了满足军事应用的需要，主要发展了以下5项激光技术：

（1）激光测距技术。它是在军事上最先得到实际应用的激光技术。20世纪60年代末，激光测距仪开始装备部队，现已研制生产出多种类型，大都采用钇铝石榴石激光器，测距精度为±5米左右。由于它能迅速准确地测出目标距离，广

泛用于侦察测量和武器火控系统。

（2）激光制导技术。激光制导武器精度高、结构比较简单、不易受电磁干扰，在精确制导武器中占有重要地位。20世纪70年代初，美国研制的激光制导航空炸弹在越

南战场首次使用。20世纪80年代以来，激光制导导弹和激光制导炮弹的生产和装备数量也日渐增多。

（3）激光通信技术。激光通信容量大、保密性好、抗电磁干扰能力强。光纤通信已成为通信系统的发展重点。机载、星载的激光通信系统和对潜艇的激光通信系统也在研究发展中。

（4）强激光技术。用高功率激光器制成的战术激光武器，可使人眼致盲和使光电探测器失效。利用高能激光束可能摧毁飞机、导弹、卫星等军事目标。用于致盲、防空等的战术激光武器，已接近实用阶段。用于反卫星、反洲际弹道导弹的战略激光武器，尚处于

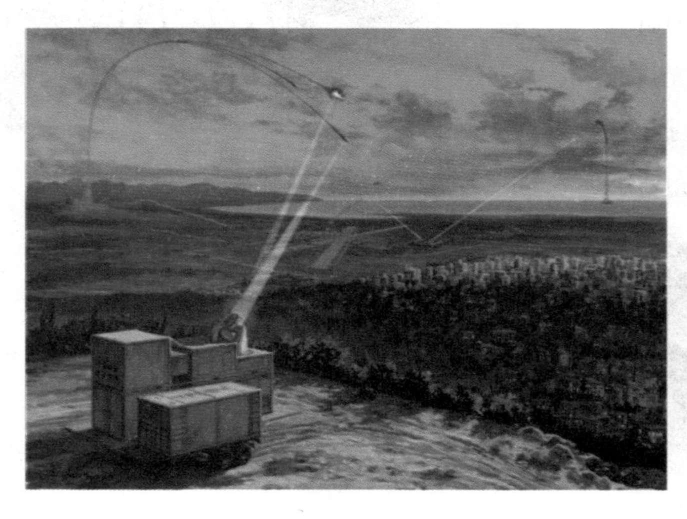

探索阶段。

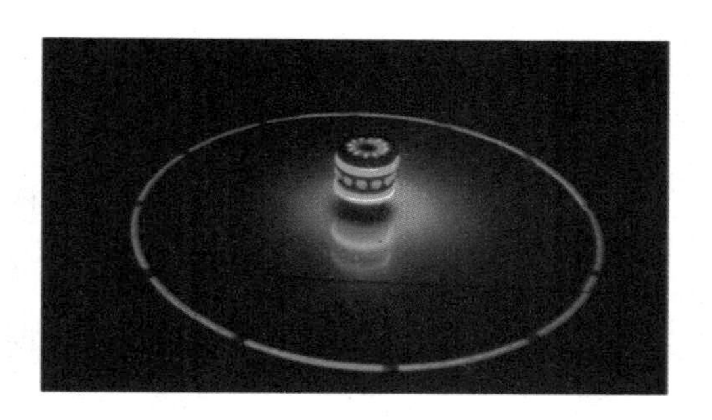

（5）激光模拟训练技术。用激光模拟器材进行军事训练和作战演习，不消耗弹药，训练安全，效果逼真。现已研制生产了多种激光模拟训练系统，在各种武器的射击训练和作战演习中广泛应用。此外，激光核聚变研究取得了重要进展，激光分离同位素进入试生产阶段，激光引信、激光陀螺已得到实际应用。

★ 激光武器

激光武器是一种利用定向发射的激光束直接毁伤目标或使之失效的定向能武器。根据作战用途的不同，激光武器可分为战术激光武器和战略激光武器两大类。武器系统主要由激光器和跟踪、瞄准、发射装置等部分组成，目前通常采用的激光器有化学激光器、固体激光器、CO_2激光器等。激光武

器具有攻击速度快、转向灵活、可实现精确打击、不受电磁干扰等优点，但也存在易受天气和环境影响等弱点。激光武器已有30多年的发展历史，其关键技术也已取得突破，美国、俄罗斯、法国、以色列等国都成功进行了各种激光打靶试验。目前低能激光武器已经投入使用，主要用于干扰和致盲较近距离的光电传感器，以及攻击人眼和一些增强型观测设备；高能激光武器主要采用化学激光器，按照现有的水平，今后5～10年内可望在地面和空中平台上部署使用，用于战术防空、战区反导和反卫星作战等。

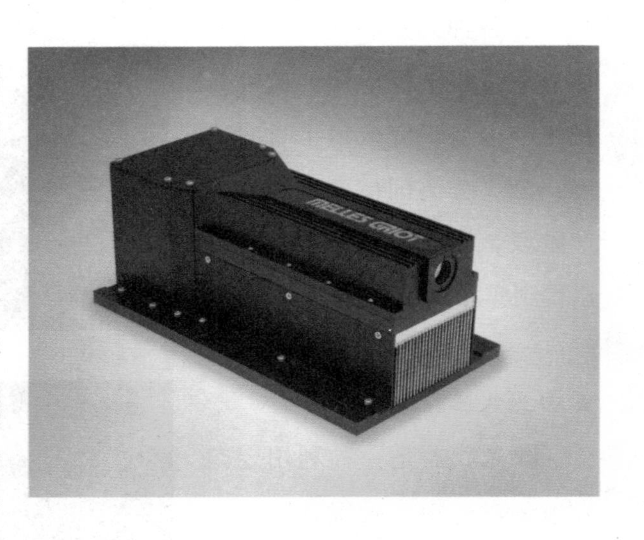

★ 激光武器的分类

不同功率密度，不同输出波形，不同波长的激光，在与不同目标材料相互作用时，会产生不同的杀伤破坏效应。用激光作为“死光”武器，不能像在激光加工中那样借助于透镜聚焦，而必须大大提高激光器的输出功率，作战时可根据不同的需要选择适当的激光器。目前，激光器的种类繁多，名称各异，有体积整整占据一幢大楼、功率为上万亿瓦、用于引发核聚变的激光器，也有比人的指甲还小、输出功率仅有几毫瓦、用于光电通信的半导体激光器。按工作介质区分，目前有固体激光器、液体激光器和分子型、离子型、准分子型的气体激光器等。同时，按其发射位

置可分为天基、陆基、舰载、车载和机载等类型，按其用途还可分为战术型和战略型两类。

（1）战术激光武器

战术激光武器是利用激光作为能量，是像常规武器那样直接杀伤敌方人员、击毁坦克、飞机等，打击距离一般可达20公里。这种武器的主要代表有激光枪和激光炮，它们能够发出很强的激光束来打击敌人。1978年3月，世界上的第一支激光枪在美国诞生。激光枪的样式与普通步枪没有太大区别，主要由四大部分组成：激光器、激励器、击发器和枪托。目前，国外已有一种红宝石袖珍式激光枪，外形和大小与美国的派克钢笔相当。但它能在距人几米之外烧毁衣服、烧穿皮肉，且无声响，在不知不觉中致人死命，并可在一定的距离内，使火药爆炸，使夜视仪、红外或激光测距仪等光电设备失效。还有7种稍大重量与机枪相仿的小巧激光枪，能击穿铜盔，在1500米的距离上烧伤皮肉、致

瞎眼睛等。

战术激光武器的“挖眼术”不

但能造成飞机失控、机毁人亡，或使炮手丧失战斗能力，而且由于参战士兵不知对方激光武器会在何时何地出现，常常受到沉重的心理压力。因此，激光武器又具有常规武器所不具备的威慑作用。1982年英阿马岛战争中，英国在航空母舰和各类护卫舰上就安装有激光致盲武器，曾使阿根廷的多架飞机失控、坠毁或误入英军的射击火网。

（2）战略激光武器

战略激光武器可攻击数千千米之外的洲际导弹；可攻击太空中的侦察卫星和通信卫星等。例如，1975年11月，美国的两颗监视导弹发射井的侦察卫星在飞抵西伯利亚上空时，被前苏联的“反卫星”陆基激光武器击中，并变成“瞎子”。因此高基高能激光武器是夺取宇宙空间优势的理想武器之一，也是军事大国不惜耗费巨资进行激烈争夺的根本原因。据外刊透露，自20世纪70年代以来，美俄两国都分别以多种名义进行了数十次反卫星激光武器的试验。

目前，反战略导弹激光武器的

研制种类有化学激光器、准分子激光器、自由电子激光器和调射线激光器。例如：自由电子激光器具有输出功率大、光束质量好、转换效

率高、可调范围宽等优点。但是，自由电子激光器体积庞大，只适宜安装在地面上，供陆基激光武器使用。作战时，强激光束首先射到处于空间高轨道上的中断反射镜。中断反射镜将激光束反射到处于低轨道的作战反射镜，作战反射镜再使激光束瞄准目标，实施攻击。通过这样的两次反射，设置在地面的自由电子激光武器，就可攻击从世界上任何地方发射的战略导弹。

高基高能激光武器是高能激光武器与航天器相结合的产物。当这种激光器沿着空间轨道游弋时，一旦发现对方目标，即可投入战斗。由于它部署在宇宙空间，居高临下，视野广阔，更是如虎添翼。在实际战斗中，可用它对对方的空中目标实施闪电般的攻击，以摧毁对方的侦察卫星、预警卫星、通信卫

星、气象卫星，甚至能将对方的洲际导弹摧毁在助推的上升阶段。

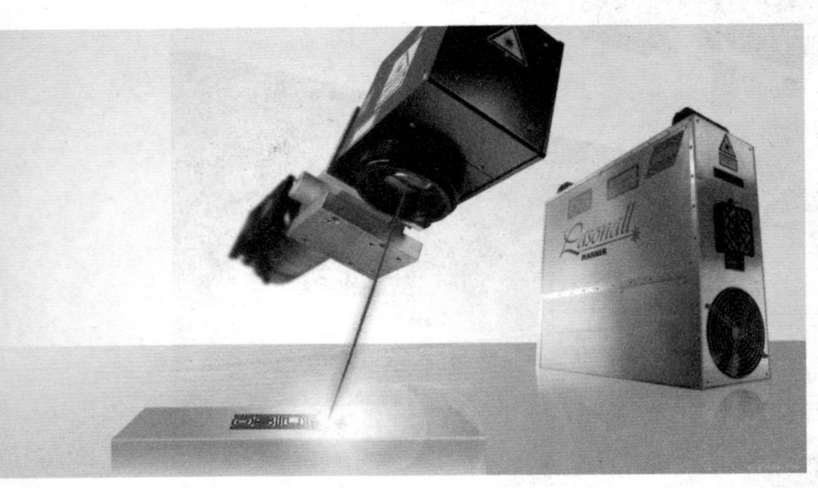

★ 激光技术在医学中的应用

激光在医学上的应用主要分三类：激光生命科学研究、激光诊断、激光治疗，其中激光治疗又分为：激光手术治疗、弱激光生物刺激作用的非手术治疗和激光的光动力治疗。

应用于牙科的激光系统，依据激光在牙科应用的不同作用，分为几种不同的激光系统。区别激光的重要特征之一是：光的波长，不同波长的激光对组织的作用不同，在可见光及近红外光谱范围的光线，吸光性低，穿透性强，可以穿透到牙体组织较深的部位，例如氩离子激光、二极管激光等。激光的光线穿透性差，仅能穿透牙体组织约0.01毫米。区别激光的重要特征之二是：激光的强度（即功率），如在诊断学中应用的二极管激光，其强度仅为几个毫瓦特，它有时也可用在激光显示器上。

用于治疗的激光，通常是几个瓦特中等强度的激光。激光对组织的作用，还取决于激光脉冲的发射方式，以典型的连续脉冲发射方式的激光如：氩离子激光、二极管激光、二氧化碳激光，以短脉冲方式发射的激光有Er：YAG激光或许多Nd：YAG激光。短脉冲式的激光的强度（即功率）可以达到1000瓦特或更高，这些强度高、吸光性也高的激光，只适用于清除硬组织。

激光唱片

激光唱片简称“CD”，是利用激光束扫描，通过光电转换，重现语言和音乐的唱片。激光唱片分DDD和ADD、AAD三类。第一个字母代表录音方式，A是模拟录音，D是数字录音；第二个字母表示处理方式，A是模拟方式处理，D是数字方式处理。最后一个字母是压制方式，激光唱片都是数字格式，所以最后一个字母肯定是D。DDD指制作时输入的是数字信号，用数字技术录制，并以数字信号再现。ADD则表示输入的是模拟信号。而AAD主要出现在一些历史录音上，是模拟录音使用模拟方式处理信号，最后灌录成的CD。

★ 激光数字唱片

激光数字唱片又称致密唱片和小型唱片，是用激光刻录方法记录

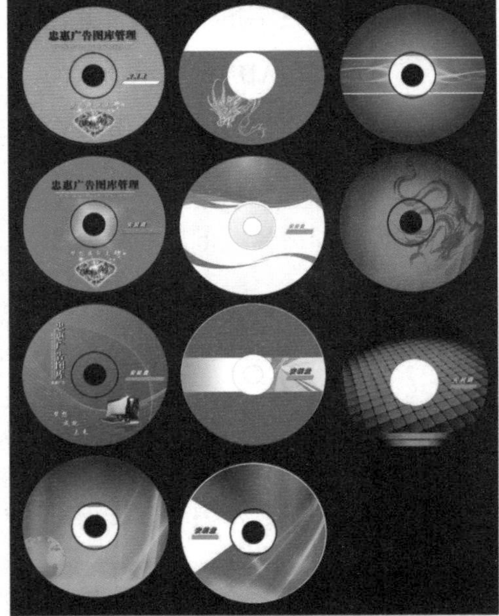

音频信号的圆形薄片载音体。激光数字唱片直径120毫米，单面录音，可放唱1小时立体声节目，动态范围为90分贝。这种记录密度极高的声迹是由激光束按信号编码刻录的小坑和坑间平面组成的，它们分别代表二进制的“0”和“1”。唱片在重放时，用激光束扫描拾取二进制数码，整个放音设备采用十分精密的伺服控制系统来保证循迹良好。激光数字唱片可擦除旧信号重新记录，由于激光数字唱片有记录密度大、重放音质好、体积小、易保存等优点，所以它正逐步取代普通唱片和磁带成为未来音频信号的主要载体。

★ 激光唱片的发展

聚乙烯做的慢转唱片几乎把音乐带进了每一个家庭。它们制作容易，而且凭借恰当的设备就能产生极好的声音。但慢转唱

片也存在着许多问题。它们很可能会被划伤，发出令人不愉快的咔嗒声。如果唱机的转盘没有以均匀的速度旋转，声音就会不正常，并且稍有一点点灰尘也会发出劈啪声。

20世纪70年代后期，荷兰菲立普公司和日本索尼公司合作开发了一个替换物——激光唱片。激光唱片以它们面层的一系列凹陷和平稳

段的构型来贮存音乐。这些凹陷和平稳段组成了一类数字计算机代码记号。在激光唱机中，用激光束扫描它们并使之还原转化成音乐。

当第一批激光唱片和激光唱机

在1979年问世时，人们为之感到惊讶。没有来自灰尘或抓伤的噪声，这就是一种“纯净”音，远远胜过慢转唱片放给多数人听的那种声音。与慢转唱片相比，激光唱片易被划破和磨损的情况要少得多。此外长达110分钟的音乐可以装进单独一张唱片里。

★ 激光唱片的特点

激光唱片在使用上要比慢转唱片方便得多。因为是由计算机控制的，激光唱片上的任何音轨都能立即被挑选出来。独特的音轨可触碰

按钮进行重播，或按照各种顺序进行挑选。

激光唱片能够用来贮存各种信息和声音。影碟能够贮存和再现画面和影片，而得到计算机帮助、运转自如的光盘只读存储器（CD-ROM）可以包容所有范围的信息，从字词、音乐一直到画面和活动的电视连续镜头。

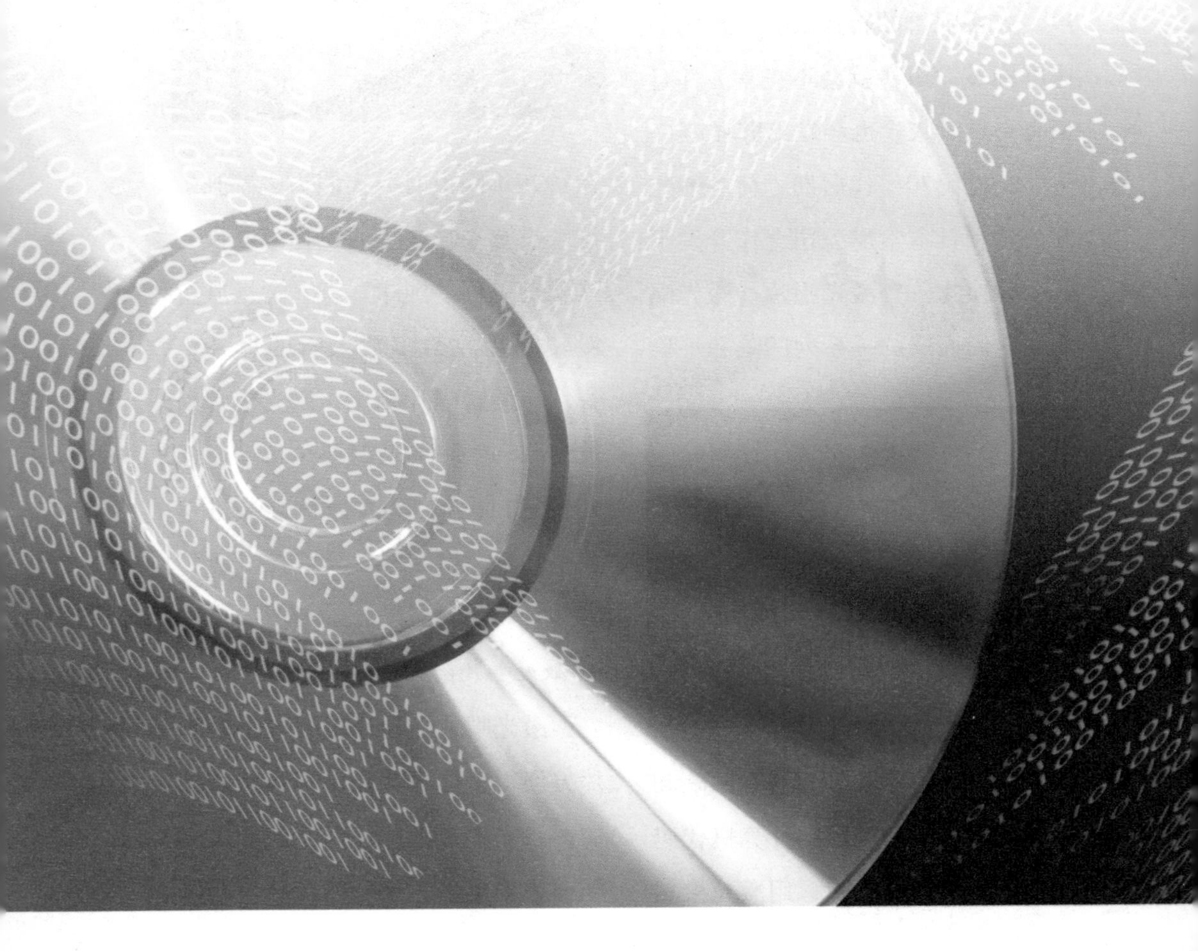

第三章

便捷的电子产品

随着当代社会的发展，人们生活水品的提高，城市化进程的加快，人们无时无刻不在享受着各种领域新科技所带来的便利。电子产品的领域非常广，基本上我们日常用的各种东西都离不开电子产品，如电脑、数码相机、MP3、微波炉、音箱等。电子产业是近年来增长最快的行业之一，它的迅猛发展不仅为人们的日常生活带来了便利，也使人们的生活方式发生着某些变化。人们的生活正由传统的电子产品时代到信息产品时代直至智能电子产品时代的转变。以家用电器为例，传统家用电器有空调、电冰箱、吸尘器、电饭煲、洗衣机等，新型家用电器有电磁炉、消毒碗柜、蒸炖煲等。无论新型家用电器还是传统家用电器，其整体技术都在不断提高。从20世纪90年代后期开始，融合了计算机、信息与通信、消费类电子三大领域的信息家电开始广泛地深入家庭生活，它具有视听、信息处理、双向网络通讯等功能，由嵌入式处理器、相关支撑硬件、嵌入式操作系统以及应用层的软件包组成。家用电器的进步，关键在于采用了先进控制技术，从而使家用电器从一种机械式的用具变成一种具有智能的设备，智能家用电器体现了家用电器最新的技术面貌。

传统家电产品简介

★ 空　调

空调即房间空气调节器，是一种用于给房间（或封闭空间、区域）提供处理空气的机组。它的功能是对房间（或封闭空间、区域）内空气的温度、湿度、洁净度和空气流速等参数进行调节，以满足人体舒适或工艺过程的要求。第一部空调系统由被称为制冷之父的英国发明家威利斯·哈维兰德·卡里尔于1902年设计并安装了。

（1）空调的工作原理

压缩机将气态的氟利昂压缩为高温高压的液态氟利昂，然后送到冷凝器（室外机）散热后成为常温高压的液态氟利昂，所以室外机吹出来的是热风。然后到毛细管，进入蒸发器

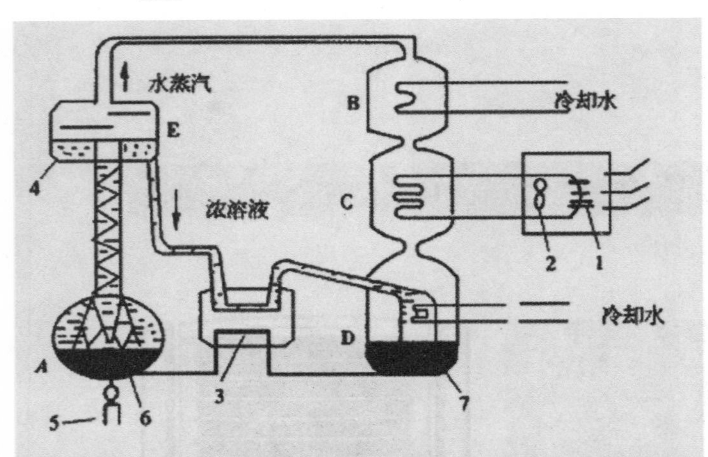

A—发生器；B—冷凝器；C—蒸发器；D—吸收器；E—分离器；1—空气热交换器；2—风扇；3—热交换器；4—浓溶液；5—燃烧器；6、7—稀溶液

（室内机），由于氟利昂从毛细管到达蒸发器后空间突然增大，压力减小，液态的氟利昂就会气华，变成气态低温的氟利昂，从而吸收大量的热量，蒸发器就会变冷，室内机的风扇将室内的空气从蒸发器中吹过，所以室内机吹出来的就是冷风；空气中的水蒸汽遇到冷的蒸发器后就会变成水滴，顺着水管流出去，这就是空调会出水的原因。然后气态的氟利昂回到压缩机继续压缩，继续循环。制热的时候有一个叫四通阀的部件，将冷凝器和蒸发器的管道调换了过来，所以制热的时候室外吹的是冷风，室内机吹的是热风；与制冷相反。其实就是用的初中物理里学到的液华（由气体变为液态）时要排出热量和气华（由液体变为气体）时要吸收热量的原理。

（2）空调的功能

①降　温

在空调器设计与制造中，一般允许将温度控制在16℃～32℃之间。若温度设定过低时，一方面增加不必要的电力消耗，另一方面造成室内外温差偏大时，人们进出房间不能很快适应温度变化，容易感冒。

②除　湿

空调器在制冷过程中伴有除湿作用。人们感觉舒适的环境相对湿度应在40%～60%左右，当相对湿度过大如在90%以上，即使温度在舒适范围内，人的感觉仍然不佳。

③升　温

热泵型与电热型空调器都有升温功能。升温能力随室外环境温度下降逐步变小，若温度在-5℃时几

乎不能满足供热要求。

④净化空气

空气中含一定量有害气体如SO_2等，以及各种汗臭、体臭和浴厕臭等臭气。空调器净化方法有：换新风、过滤、利用活性碳或光触媒吸附和吸收等。

A．换新风：利用风机系统将室内潮湿空气排往室外，使室内形成一定程度负压，新鲜空气从四周门缝、窗缝进入室内，改善室内空气质量。

B．光触媒：在光的照射下可以再生，将吸附的氨气、尼古丁、醋酸、硫化氢等有害物质释放掉，可重新使用。

⑤增加空气负离子浓度

空气中带电微粒浓度大小，会影响人体舒适感。空调上安装负离子发生器可增加空气负离子度，使环境更舒适，同时对降低血压、抑制哮喘等方面有一定医疗效果。

科普百花园

空调型号表示的意义

国产空调器命名方法如下：KFR（d）50LW/T（DBPJXF），其中K－空调，F－分体，R－热泵制热型，d－辅助电加热，50－制冷/制热量，L－结构类型，W－室外机，T－开发型号，D－直流，BP－变频，J－离子除尘，X－双向换风，F负离子（L—结构类型代号中："L"－柜式，落地式；"G"－壁挂式；C"－窗式；"N"－内藏式；"F"－风管式；"Q"－嵌入式；"D"－吊顶式）。

★ 电冰箱

电冰箱是一种使食物或其他物品保持冷态的小柜或小室，内有制冰机用以结冰的柜或箱，带有制冷装置的储藏箱。家用电冰箱的容积通常为20～500升。1910年世界上第一台压缩式制冷的家用冰箱在美国问世。1925年瑞典丽都公司开发

了家用吸收式冰箱。1927年美国通用电气公司研制出全封闭式冰箱。1930年采用不同加热方式的空气冷却连续扩散吸收式冰箱投放市场。1931年研制成功新型制冷剂氟利昂12，50年代后半期开始生产家用热电冰箱。我国从20世纪50年代开始生产电冰箱。

（1）电冰箱的种类

冰箱按类型分的话主要有有三种分类方式，分别是以冰箱内冷却方式分类、按电冰箱用途分类、按气候环境分类等。

①以冰箱内冷却方式分类

冷气强制循环式：又称间冷式（风冷式）或无霜冰箱。冰箱内有一个小风扇强制箱内空气流动，因此箱内温度均匀，冷却速度快，使用方便。但因具有除霜系统，耗电量稍大，制造相对复杂。

冷气自然对流式：又称直冷式或有霜电冰箱。其冷冻室直接由蒸发器围成，或者冷冻室内有一个蒸发器，另外冷藏室上部再设有一个蒸发器，由蒸发器直接吸取热量而进行降温。此类冰箱结构相对简单，耗电量小，但是温度无效性稍差，使用相对不方便。冷气强制循环和自然对流并用式：此类形式的电冰箱近年来新产品较多采用，主要是同时兼顾风、制冷冰箱的优点。

②按电冰箱用途分类

冷藏箱：该类型的电冰箱至少有一个间室是冷藏室，用以储藏不需冻结的食品，其温度应保持在0℃以上。但该类型电冰箱可以具有冷却室、制冰室、冷冻食品储藏室、冰温室，但是它没有冷冻室。

冷藏冷冻箱：该类型的电冰箱至少有一个间室为冷藏室，一个间室为冷冻室。

冷冻箱：该类型电冰箱至少有一间为冷冻室，并能按规定储藏食品，可有冷冻食品储藏室。

③电冰箱按气候环境分为亚温带型（SN）、亚热带型（ST）、热带型（T）。

（2）电冰箱存放食品讲究

①熟食品进入冰箱前须凉透。食品未充分凉透，突然进入低温环境中，食物中心容易发生质变。食物带入的热气引起水蒸气凝集，能促使霉菌生长，导致整个冰箱内食品霉变。

②冰箱中取出的熟食品必须回锅。冰箱内的温度只能抑制微生物的繁殖，而不能彻底杀灭它们。如食前不彻底加热，食后就可能致病。

③食物解冻后不宜再进冰箱。反复冷冻可使食品组织和营养成分流失。

④冷冻食品宜缓慢解冻。需解冻的冷冻食品宜换置常温冰箱内缓慢解冻，一般不宜采用温热水浇浸等方式强制解冻。若急速解冻，由于冰晶体很快溶化，营养汁液不能及时被纤维和细胞吸收而外溢，会使食品质量下降。

电冰箱的妙用

（1）将生日蜡烛放入冰箱冷却24个小时，再插到蛋糕上就不会出现蜡油弄脏蛋糕的情况。

（2）啤酒、白兰地、红酒倒入制冰块，吃起来别有风味。

（3）衣服有时粘上香口胶，用手难以除去。将衣服放入冰箱，经冷冻变脆；轻搓即可除去。

（4）手脚被烫伤，立即将手脚伸入冰箱，可减轻疼痛，又可避免起泡。

（5）绿豆、红豆、黄豆等豆类不易煮熟，先煮一下，再放

入冰箱，半天后取出；即可煮熟。

（6）栗子煮熟不宜去壳，放入冰箱冷却2

个小时后，去壳又快又简单。

★ 电饭煲

电饭煲又称作电锅，是利用电能转变为热能的炊具，其使用方便，清洁卫生，还具有对食品进行蒸、煮、炖、煨等多种操作功能。常见的电饭锅分为保温自动式、定时保温式以及新型的微电脑控制式三类。电饭煲现在已经成为日常家用电器，它的发明缩减了很多家庭花费在煮饭上的时间。而世界上第一台电饭煲，是在20世纪50年代由日本人井深大的东京通讯工程公司发明的。

（1）电饭煲的工作原理

普通电饭煲的结构：普通电饭

煲主要由发热盘、限温器、保温开关、杠杆开关、限流电阻、指示灯、插座等组成。

①发热盘：这是电饭煲的主要发热元件。这是一个内嵌电发热管的铝合金圆盘，内锅就放在它上面，取下内锅就可以看见。

②限温器：又叫磁钢。它的内部装有一个永久磁环和一个弹簧，可以按动，位置在发热盘的中央。煮饭时，按下煮饭开关时，靠磁钢的吸力带动杠杆开关使电源触点保持接通，当煮米饭时，锅底的温度不断升高，永久磁环的吸力随温度的升高而减弱，当内锅里的水被蒸

发掉，锅底的温度达到103±2℃时，磁环的吸力小于其上的弹簧的弹力，限温器被弹簧顶下，带动杠杆开关，切断电源。

③保温开关：又称恒温器。它是由一个弹簧片、一对常闭触点、一对常开触点、一个双金属片组成。煮饭时，锅内温度升高，由于构成双金属片的两片金属片的热伸缩率不同，结果使双金属片向上弯曲。当温度达到80℃以上时，在向上弯曲的双金属片推动下，弹簧片带动常开与常闭触点进行转换，从而切断发热管的电源，停止加热。当锅内温度下降到80℃以下时，双金属片逐渐冷却复原，常开与常闭触点再次转换，接通发热管电源，进行加热。如此反复，即达到保温效果。

④杠杆开关：该开关完全是机械结构，有一个常开触点。煮饭时，按下此开关，给发热管接通电源，同时给加热指示灯供电使之点亮。饭好时，限温器弹下，带动杠杆开关，使触点断开。此后发热管仅受保温开关控制。

⑤限流电阻：外观金黄色或白色为多，大小有3W电阻，按在发热管与电源之间，起着保护发热管的作用。常用的限流电阻为5A或10A（根据电饭煲功率而定）。限流电阻是保护发热管的关键元件，有些能用导线代替。

（2）电饭煲的省电方式

电饭锅是家用电器中的耗电大户，若使用、保养不当，就会使耗电量大增。

①做米饭时最好将米淘净在清水中浸泡15分钟左右，然后再下锅，这样可以大大缩短煮饭的时间，且煮出的米饭特别香。

②充分利用电热盘的余热。当电饭锅中的米饭汤沸腾时，可关闭电源开关8至10分钟，充分利用电热盘的余热后再通电。当电饭锅的红灯灭、黄灯亮时，表示锅中米饭已熟，这时可关闭电源开关，利用电热盘的余热保温10分钟左右。

③电饭锅切勿当电水壶用。同样功率的电饭锅和电水壶同样烧一暖瓶开水，用电水壶只需5～6分钟，而电饭锅则需20分钟左右。

④避用电高峰是最好的节电方法。同样功率的电饭锅，当电压低于其额定值10%时，则需延长用电时间12%左右，用电高峰时最好别用或者少用。

⑤保持内锅外锅清洁。电饭锅使用过久而又不及时清洁，就会使内锅底部与外表面聚一层氧化物，应把它浸在水中，用较粗糙的布擦拭，直到露出金属本色光泽为止。

⑥内锅底与电热盘、内锅及锅盖均应保持最佳接触。若内锅变形，即内凹或外凸，均会影响内锅底部的良好接触，应及时矫正才好。

电饭煲小知识

（1）煮饭、炖肉时应有人看守，以防汤水等外溢流入电器内，损坏电器元件。

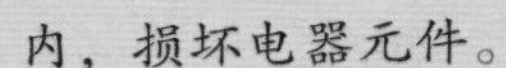

（2）轻拿轻放，不要经常磕碰电饭煲。因为电饭煲内胆受碰后容易发生变形，内胆变形后底部与电热板就不能很好吻合，导致煮饭时受热不均，易煮夹生饭。

（3）使用电饭煲时，注意锅底和发热板之间要有良好的接触，可将内锅左右转动几次。

（4）饭煮熟后，按键开关会自动弹起，此时不宜马上开锅，一般再焖10分钟左右才能使米饭熟透。

（5）在清洁过程中，切勿使电器部分和水接触，以防短路和漏电。

（6）清洗内胆前，可先将内胆用水浸泡一会，不要用坚硬的刷子去刷内胆。清洗后，要用布擦干净，底部不能带水放入壳内。外壳及发热盘切忌浸水，只能在切断电源后用湿布抹净。

（7）用完电饭煲后，应立即把电源插头拔下，否则自动保温仍在起作用，既浪费电，也容易烧坏元件。

（8）不宜煮酸、碱类食物，也不要放在有腐蚀性气体或潮湿的地方。

（9）使用时，应将蒸煮的食物先放入锅内，盖上盖，再插上电源插头。取出食物之前应先将电源插头拔下，以确保安全。

（10）电饭锅的锅体材料有陶瓷、搪瓷、铝合金和不锈钢等。内锅的内壁上通常喷涂一层聚四氟乙烯防焦涂层，使煮饭时不易糊，并且容易清洗。若锅体材料是铝合金，清洗时不要刷坏它的表面，因为材料中的铝可能会进入饭中，长期使用会使铝元素损害人的脑细胞，从而影响脑细胞功能，导致记忆力下降，思维能力迟钝。

新型家电产品简介

★ 电磁炉

电磁炉又名电磁灶，是现代厨房革命的产物，它无需明火或传导

式加热而让热直接在锅底产生，因此热效率得到了极大的提高。是一种高效节能厨具，完全区别于传统所有的有火或无火传导加热厨具。电磁炉是利用电磁感应加热原理制成的电气烹饪器具。由高频感应加热线圈（即励磁线圈）、高频电力转换装置、控制器及铁磁材料锅底炊具等部分组成。使用时，加热线圈中通入交变电流，线圈周围便产生交变磁场，交变磁场的磁力线大部分通过金属锅体，在锅底中产生大量涡流，从而产生烹饪所需的热。在加热过程中没有明火，因此安全、卫生。

（1）电磁炉的工作原理

电磁炉作为厨具市场的一种新型灶具。它打破了传统的明火烹

调方式采用磁场感应电流（又称为涡流）的加热原理，电磁炉是通过电子线路板组成部分产生交变磁场，当用含铁质锅具底部放置炉面时，锅具即切割交变磁力线在锅具底部金属部分产生交变的电流（即涡流），涡流使锅具铁原子高速无规则运动，原子互相碰撞、摩擦而产生热能（故电磁炉煮食的热源来自于锅具底部而不是电磁炉本身发热传导给锅具，所以热效率要比所有炊具的效率均高出近1倍）使器具本身自行高速发热，用来加热和烹饪食物，从而达到煮食的目的。电磁炉具有升温快、热效率高、无明火、无烟尘、无有害气体、对周围环境不产生热辐射、体积小巧、安全性好和外观美观等优点，能完成家庭的绝大多数烹饪任务。因此在电磁炉较普及的一些国家里，人们誉之为“烹饪之神”和“绿色炉具”。

（2）电磁炉的使用优点

第一是它的多功能性。由于它采用的是电磁感应原理加热，减少了热量传递的中间环节，因而其热效率可达80%至92%以上，以1600瓦功率的电磁炉计，烧两升水，在夏天仅需7分钟，与煤气灶的火力相当。用它蒸、煮、炖、涮样样全行，即使炒菜也完全可以。在北京，有许多家庭还没有使用管道燃气，但自从用上电磁炉之后，液化气罐反而成了备用厨具。电磁炉完全可以取代煤气灶，而不像电火锅、微波炉那样，仅是煤气灶的补充。这是它最大的优势所在。

第二是电磁炉很清洁。由于其采用电加热的方式，没有燃料残渍和废气污染。因而锅具、灶具非常清洁，使用多年仍可保持鲜亮如新，使用后用水一冲一擦即可。电磁炉本身也很好清理，没有烟熏火燎的现象。这在其他炉具是不可想象的，煤气灶具用不多长时间就是黑糊糊的一层。同样，微波炉的内膛清理是非常令人头疼的事情，而使用电磁炉却没有这些麻烦。它无

烟、无明火、不产生废气外形简洁，工作起来静悄悄的。

第三是安全。电磁炉不会像煤气那样，易产生泄露，也不产生明火，不会成为事故的诱因。此外它本身设有多重安全防护措施，包括炉体倾斜断电、超时断电、干烧报警、过流、过压、欠压保护、使用不当自动停机等，即使有时汤汁外溢，也不存在煤气灶熄火跑气的危险，使用起来省心。尤其是炉子面板不发热，不存在烫伤的危险，令老人和儿童倍感放心，它的安全性明显优于其他炉具。

第四是方便。电磁炉本身仅几斤重，拿上它随便去哪都不成问题，只要是有电源的地方它就能使用。电磁炉结构简单、维修方便，它设有多段火力选择，使用起来像燃气一样方便。它具有的定时功能十分便利。尤其是在炖、煮、烧热水的时候，人可以走开做其他的事情，即省心又省时。

科普百花园

电磁炉的使用常识

（1）电源线要符合要求。电磁炉由于功率大，在配置电源线时，应选能承受15A电流的铜芯线，配套使用的插座、插头、开关等也要达到这一要求。否则，电磁炉工作时的大电流会使电线、插座等发热或烧毁。另外，如果可能，最好在电源线插座处安装一只保险盒，以确保安全。

（2）放置要平整。放置电磁炉的桌面要平整，特别是在餐桌上吃火锅等时更应注意。如果桌面不平，使电磁炉的某一脚悬空，使用时锅具的重力将会迫使炉体强行变形甚至损坏。另外，如桌面有倾斜度，当电磁炉对锅具加温时，锅具产生的微震也容易使锅具滑出而发生危险。

（3）保证气孔通畅。工作中的电磁炉随锅具的升温而升温。因此在厨房里安放电磁炉时，应保证炉体的进、排气孔处无任何物体阻挡。炉体的侧面、下面不要垫（堆）放有可能损害电磁炉的物体、液体。需要提示的是，如电磁炉在工作中发现其内置的风扇不转，要立即停用，并及时检修。

（4）锅具不可过重。电磁炉不同于砖或铁等材料结构建造的炉具，其承载重量是有限的，一般连锅具带食物不应超过5千克，

而且锅具底部也不宜过小，以使电磁炉炉面的受压之力不至于过重、过于集中。万一需要对超重超大的锅具进行加热时，应对锅具另设支撑架，然后把电磁炉插入锅底。

（5）清洁炉具要得法。电磁炉同其他电器一样，在使用中要注意防水防潮，并避免接触有害液体。不可把电磁炉放入水中清洗及用水直接进行冲洗，也不能用溶剂、汽油来清洗炉面或炉体。另外也不要用金属刷、砂布等较硬的工具来擦拭炉面上的油迹污垢。

清除污垢可用软布沾水抹去。如是油污，可用软布沾一点低浓度洗衣粉水来擦。正在使用或刚使用结束的炉面不要马上用冷水去擦。为避免油污沾污炉面或炉体，减少对电磁炉清洗工作量，在使用电磁炉时可在炉面放一张略大于炉面的纸如废报纸，以此来沾吸锅具内跳、溢出的水、油等污物，用后即可将纸扔弃。

（6）检测炉具保护功能要完好。电磁炉具有良好的自动检测及自我保护功能，它可以检测出如炉面器具（是否为金属底）、使用是否得当、炉温是否过高等情况。如电磁炉的这些功能丧失，使用电磁炉是很危险的。

（7）按按钮要轻、干脆。电磁炉的各按钮属轻触型，使用时手指的用力不要过重，要轻触轻按。当所按动的按钮启动后，手指就应离开，不要按住不放，以免损伤簧片和导电接触片。

（8）炉面有损伤时应停用。电磁炉炉面是晶化陶瓷板，属易碎物。

★ 消毒柜

消毒柜是指通过紫外线、远红外线、高温、臭氧等方式，给食具、餐具、毛巾、衣物、美容美发用具、医疗器械等物品进行杀菌消毒、保温除湿的工具。消毒柜外形

一般为柜箱状，柜身大部分材质为不锈钢。消毒柜为我国发明首创的电器产品，广泛用于酒店宾馆、餐馆、学校、部队、食堂等场所。

（1）消毒柜的分类

按照消毒方式分，可分为以下四种：

①电热食具消毒柜，通过电热元件加热进行食具消毒的消毒柜。

②臭氧食具消毒柜，通过臭氧进行食具消毒的消毒柜。

③紫外线食具消毒柜，把紫外线作为食具消毒手段之一的消毒柜，单仅靠紫外线消毒的消毒柜是不适用于食具消毒的。

④组合型食具消毒柜，由两种或两种以上消毒方法组合而成对食具进行消毒的消毒柜。

按照消毒效果分，可分为以下两种：

①一星级消毒柜（*）对大肠杆菌杀灭率应不小于99.9%。

②二星级消毒柜（**）对大肠杆菌灭杀对数值应≥3（≥99.9%），对脊髓灰质炎病毒感染滴度（TCID50）≥105，灭活对数值≥4.00。

（2）消毒柜的维护和保养

①消毒柜应水平放置在周围无杂物的干燥通风处，距墙不宜小于30厘米。

②要定期对消毒柜进行清洁保养，将柜体下端集水盒中的水倒出并洗净。清洁消毒柜时，先拔下电源插头，用干净的湿布擦拭消毒柜内外表面，禁止用水冲淋消毒柜。若太脏，可先用湿布蘸中性洗涤剂擦洗，再用干净的湿布擦净洗涤剂，最后用干布擦干水分。清洁时，注意不要撞击加热管或臭氧发生器。

③要经常检查柜门封条是否密封良好，以免热量散失或臭氧溢出，影响消毒效果。

④使用时，如发现石英加热管不发热，或听不到臭氧发生器高压放电所产生的“吱吱”声，说明消毒柜出了故障，应停止使用，送维修部门修理。

信息家用电器

★ 双伴音电视

双伴音电视可以在一套电视节目中，同时发送两路不同的语言伴音，这是对目前的一个频道支配一路语言的电视广播制式的改进。采用双伴音电视后，可以在一套电视节目中，既有普通话的伴音，又有少数民族或外语的伴音，观众可按需选择。

在电视广播中，双伴音电视是用来传输第二个伴音通道而仍保持和原来的传输信号相兼容。这种系统将使这样的广播成为可能，即两种语言和立体声电视节目，或完全不同的伴音节目与原来的电视节目一起广播。第二通道采用FM-FM多路复用法传输。在家用电视接收机加上简单的附加器。一种双载波制双伴音电视的副伴音载频频率的新方案，属于电视系统，特别适用于D/K制及L制电视系统，该方案提出双载波制双伴音电视副伴音载频频率要比主伴音频率低210~273KC。这种选择避免造成两个电视频道的频谱重叠。在不增加电视频道宽度的情况下，可消除相邻电视频道的干扰。特别是在多个大小电视发射台、差转台的重叠覆盖区，以及在共用天线，有线系统中采用该方案，可避免电视上邻道的图像与下邻道副伴音的相互干扰，从而大大提高电视广播的质量。

我国的广播电视技术科研部门，对世界上许多双伴音电视制式进行分析比较，并结合我国国情，

确定“双载波制双伴音/立体声电视广播”为国家标准。这种制式具有兼容性，它既能是现在的普通电视机正常接收到双伴音电视广播的

主伴音，又可使双伴音电视机也能正常地接收现行的单伴音电视。其实双伴音电视机只是比普通电视机增加一个附加器。使用时，当按下主伴音选择钮，两边扬声器发出的是本国语言，切换到副伴音按钮时，发出少数民族语言或外语。双伴音电视机已经在部分省区试播，在不久的将来我国会广泛实施。

★ 高清晰度彩电

高清晰度彩色电视机（以下简称高清晰度电视机）就是拍摄、编辑、制作、播出、传输、接收等电视信号播出和接收的全过程都使用数字技术。可以重现1920×1080I/50HZ或更高图像格式的高清晰度电视图像，并具有增强标清电视机功能、屏幕宽高比例为

16：9，屏幕的水平清晰度不小于720电视线的彩色电视机。数字高

清晰度电视是数字电视（DTV）标准中最高级的一种。

当输入隔行扫描标准清晰度数字电视信号或普通模拟电视信号时，它同样也能以625行逐行扫描或1250行隔行扫描或更高扫描格式工作，同时还能接收、处理高清晰度数字电视信号输入，能良好地显示高清晰度图像，以获得满意的高清晰度图像的观看效果。以松下50PZ80C为例：动态清晰度可达到1000线，是目前性价比都比较高的高清晰度电视机。

数字电视和现行的模拟电视最大的区别是数字电视的图像清晰而稳定，在覆盖区域内图像质量不会因信号传输距离的远近而变化，在信号传输整个过程中外界的噪声干扰都不会影响电视图像。而模拟电视会随着信号传输距离越远，图像质量越差。

近年来，技术开发实力较强的企业开始在视频处理电路中采用数字技术处理信号，提高了模拟电路的性能。但是这同前面提到的数字电视在工作原理上是完全不同的，其效果还是比数字电视差很多。此

外，信息社会的高速发展，要求数字电视必须具有网络终端显示的功能。在数字电视中各种清晰度等级

不同的视频数据、音频数据、文字数据可以统一在一个系统标准内，数字电视广播不但可以传送图像节

目，而且可以传送文字信息。因此在数字电视的设计中必须考虑文字显示时的各种扫描显示格式。电视机能够兼容多少种扫描显示格式是区别数字高清晰度电视机档次的主要标准之一。因为只能显示一两种图像格式（单频技术）或几种图像格式（双频技术）的数字电视机和显示十几种图像格式（变频技术）的数字电视机，无论在设计水平和生产水平上都有很大的区别。使用单频技术或双频技术只能显示几种图像格式的数字电视，用模拟彩电的扫描电路经改造就可以实现，而采用变频技术可以显示十几种图像格式的数字电视机，符合国际高清晰电视发展新潮流的全新概念，与模拟彩电的扫描电路有很大的差别。从技术发展的角度来看，使用单频技术或双频技术的方案不是真正的数字电视，终将被淘汰。采用变频技术，才是真正的数字电视。

再者，数字电视具有优质的音响系统，在接收模拟电视时，具有高低调整、左右声道平衡，环绕声等响度控制开关等功能。在有丽音广播的地区，可由遥控器控制，设为自动丽音状态，此时可根据电视

的广播自动识别有无丽音。

HDTV是美国首先提出的，经过八年的技术开发，美国联邦委员会（FCC）终于在1995年正式确定HDTV地面广播方式和产品的规格。1998年，美国已正式开播数字高清晰度节目，到2006年美国将完全淘汰模拟电视，取而代之的是数字高清晰度电视。欧洲、澳大利亚也先后于前年、去年开播了数字电视节目。

我国已于1999年10月1日进行过建国50大庆阅兵的数字高清晰电视节目试播。开发适合我国国情的HDTV已成为彩电行业的当务之急。

★ 数码双频彩电

数码双频彩色电视机除了观看以外，同时拓展其网上漫游功能，将电视、电脑、电信三位一体融合在一起。据《视听世界》的最新调查，50%的欧洲家庭、44%的日本家庭和29%的美国家庭都在使用数码双频彩电，全球双频彩电的销量已

达1700万台，数码双频时代已经来临。

国内率先研究这种技术的创维电子集团最先在北京、上海、广

州和深圳推出这种彩电。数码双频彩电每秒钟显示的图像是普通模拟彩电的两倍，能使电视画面更稳定更清晰，降低了人眼的疲劳程度，并同时接收模拟及数字广播，能电视、电脑双显示，而且还比正常的上网速度更快，只须配一个机顶盒，就能够高效快速地进行网上操作，无须进行任何硬件转换，只须接上电视机的标准计算机接口，就能一机多用，欣赏电视节目的同时又能轻松漫游。数码双频彩色简化了计算机的多余功能，突出了用户常用的基本功能，因而能做到价廉物美。

★ 数字相机

数字照相机是一种在普通摄影技术的基础上，用数字扫描等技术把获取的静态图像信号转换成编码数字信号的特殊照相机。因此，用数字照相机摄入的图像可以直接送入计算机和计算机网络。我们在一些现代的多媒体计算机网络展览馆中已经看到，当我们步入展览馆门口时，一台照相机对我们拍了照，而当我们进入展览厅参观多媒体计算机网络的某个站台时，一台联网

的真彩色打印机已经把我们进门时照的照片展示在我们面前，这就是

用联网数字照相机的精彩表演。这种直接用照相机摄影的网络采集技术可以实时地把客观世界事物的某种状态和景象摄入计算机网络，它在网络中不仅可以被存储、传输，而且必要时还可以对某种图像进行剪裁、加工、编辑，以适应各种多媒体应用的需求。

数字照相机最大的优点是可以快速拍照并传送照片。在当今信息社会里，数字照相机的优点可得到最大限度发挥！除此而外，就是自己也可以通过电脑将照片进行处理。不过有一点我们必须清楚：数字照片在清晰度上还无法与传统照片相比（就是近来的二百万像素的数字照相机的数字照片也无法与一般单镜头反光相机的照片相比）。因此，数字照相机现阶段仅在新闻报道、网络网页图片制作、新产品开发及一些需要计算机图片处理的用户方面有较广阔的市场。再加上百万像素以上的数字照相机价格昂贵，一般来说，普通老百姓暂时还只能敬而远之。

但不可否认的是近两年，数字照相机有加速进入千家万户的趋势。家庭购买数码相机有很多理由。首先，愈来愈多的人开始上

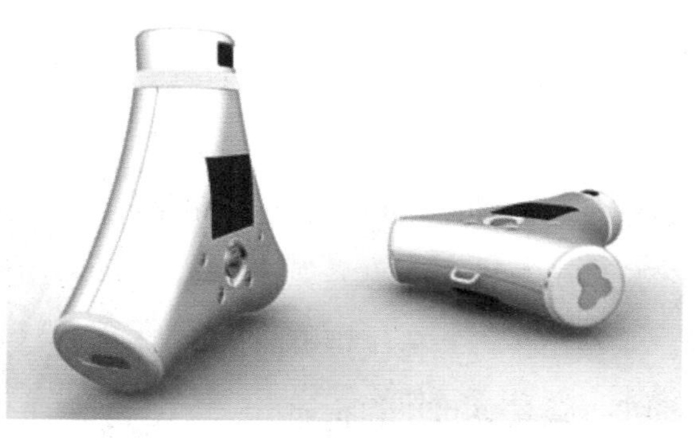

网，使得能有更多的人拥有自己的

个人网站，来展示个人风采。人们已不满足仅仅用文字来表达自己，更需要用图片献给网友一个“真实”的自我。数码相机还有助于网站内容表达的准确性、时效性，比较典型的是一些硬件站点的每日行情和硬件评测栏目中的配图。其次，用数码相机+电脑+彩喷打印机组成家庭数码工作室，开始逐渐成为电脑爱好者的囊中之物，自己拍照、自己修改、自己打印，这充分体现了自己动手的精神。这两条是家庭购买数码相机的主要原因。

数字摄影和传统摄影的最大不同处，就是你可以在拍照后，立即可将所得影像输入你的计算机中，通过数字软件的编辑，打印在你想出现的地方上或是放在你的屏幕上当桌面和屏幕保护程序。这全部的作业时间可能花不到十分钟。省却了等待冲洗底片的时间和不断尝试不同摄影技巧所消耗的底片钱。

不少人在开始使用数字相机之后会发现它特别耗电，对经常使用的人来说不停的消耗电池变成了一种经济负担。因此有些人就把LCD或闪光灯关掉以节省电源。殊不知受限于数字相机的CCD的设计，通常较难正确地捕捉到肌肤的色泽，而且部分的数字相机因要不停地使用LCD来预览景物，因而在实际的对焦速度和对光线明暗的反应速度都明显地变慢。不过如果你在室内外都使用闪光灯来拍照，部分数字相机的表现会有明显的改善。因此要避免拍照失败，首先确定一下你手中数字相机的闪光灯指数，也就是闪光灯的作用范围。一般来说大约都在1.2到3.6米之间（约成人1～3步的距离）。

和传统相机不同，部分数字相机的CCD（电荷藕合装置）和其设计很容易被亮光影像所遮蔽。特别是亮光是从玻璃、金属或水面等平滑表面反射出来的时候。你可以试着以数字相机连续拍摄一个固定的反光体或是用闪光灯拍摄这些反射物体表面的影像，部分数字相机会让你得到完全空白的影像！而且这个影像不论你在计算机中如何用影像软件操作或修正都无法使照片中原有的影像还原。因此唯一的解决方法是避开强光，改变摄影的位置。

目前，也有越来越多的数字相机，建立宽景合成。所谓宽景合成，就是在同一定点上，已不同的角度旋转或偏移，来拍摄超广角和大范围的景物。一般来说，即使不具备这一功能的数字相机，也可以通过后制作以计算机影像软件辅助制成。实际上来说，如果相机本身具备了这一功能，在操作上会简便一些。但拍摄此类照片，需要多加练习，掌握光线和角度。特别是曝光锁的应用，也是非常重要的一环。

微距拍摄可说是数字摄影的一大进步，传统相机要拍摄极近距离的影像，例如15厘米以内的，必须以专用近摄镜或接用延伸管才能办到。不过这一点可难不倒数字相机，因为在镜头缩小、CCD面积和内建的影像处理技术上，数字相机比一般传统相机更容易发挥这项功能。这项功能还可以用在特写镜头上，特别是针对袖珍物品的特写，昆虫和花草的拍摄，更具特殊魅力。

现今的数字相机，大多配有动画录制功能。虽然这项功能并非必要配备，加上各家所采用的动画规格不一而足，造成计算机后制与编辑的困难，而衍生出许多操作上的问题。但撇开这点不谈，数字相机

将动画功能纳入，确实可为生活创

造许多新乐趣。若与一般V8或DV相比，数字相机显然要廉价的多，当然功能上却不及上两者专业。不过，新一代的软件已有能力，将数字相机的动画文件编辑成VCD格式并烧录成VCD来看。而在购买上，需要注意数字相机是否有同步录音功能，不然就只能当“默剧”看了。

★ 混响器

混响板为一张较薄的金属板，利用张力悬挂于一个密封框内，声音通过激振器使金属板产生振动，并由连缘反复地反射，其振动逐步衰减。在合适的地方安置一拾振器，收回它的振动声即产生混响。为改变混响时间，可调节阻尼板的位置，以改变金属板的阻尼。常用的金属有金箔、镍箔或钢板等。

弹簧式混响器的振动元件为弹簧。由声激振器使弹簧产生振动并做扭转运动，从而使振动来回反复并逐渐衰减。在弹簧的另一端，安装一拾振器接收信号。弹簧通常采用几个不同参数的弹簧并联，以获得一不同的混响效果。

磁带式混响器实际上是一台特

殊的录音机。此录音机有几个放音磁头，这些放音磁头之间存在一定的距离使放出的信号产生一定的时间差，调整这些磁头的距离则可以得到不同的延迟时间。如果使这些放音磁头的输出电平逐个减小，并将其混合起来即可获得混响。通过改变放音磁头的距离或改变录音机的带速均可改变混响时间。

电子混响器和磁带混响器一样，都是产生一系列时间延迟而输出电平不同的信号，然后将其叠加而产生混响效果。由于电子混响器采用了电子线路产生不同的延迟时间，从而取代了录音机，避免了录音机所产生的噪声。

较简单的电子混响器采用逐级移位延迟线，将信号延迟一定时间，然后将此信号与原信号以适当的比例混合，产生混响效

果。延迟时间取决于移位时钟脉冲的频率以及移位的级数。经过一定时间延迟的信号为一个时间上不连续的信号，通过一人滤波器将其恢复为连续信号。改变信号的延迟时间及其幅度，并将与原信号混合，即可获得不同的混响效果。

在专业音响设备中，通常采用数字式混响器，其延迟电路采用了数字延迟器。数字延迟器包括模数转换器、一定长度的移位寄存器及数模转换器。

首先将原信号经采样电路采样，并由模数转换器转换为时间上离散的数字信号，此数字信号移位寄存器。在移位脉冲的控制下，此数字信号逐级移位，控制移位脉冲的频率以及移位寄存器的长度，可在移位寄存器的输出端得到延迟时间不同的信号。此延迟后的信号经数模转换器（包

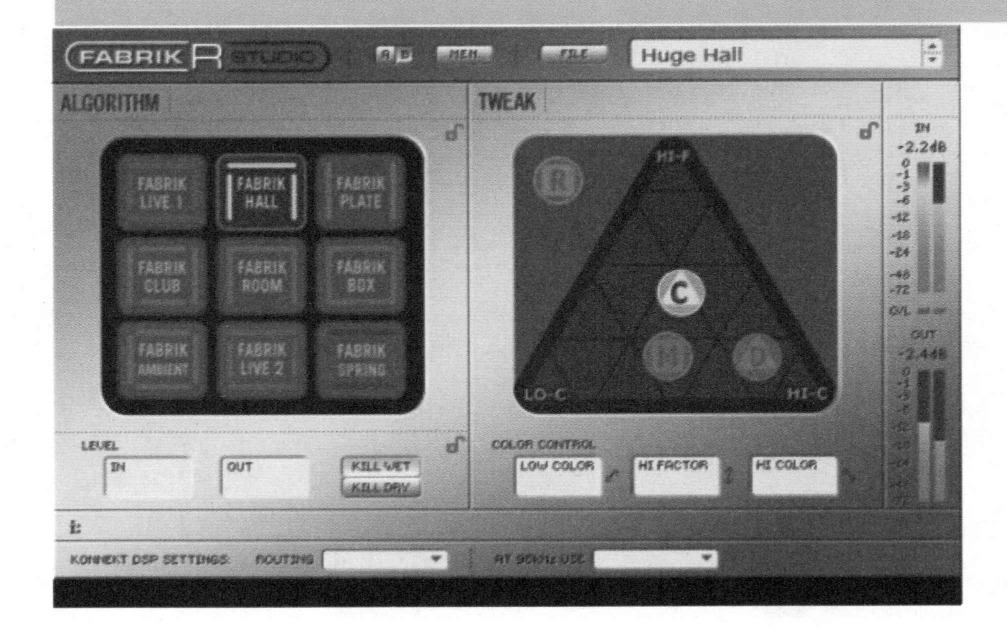

括滤波器）恢复为模拟信号。由于在移位的过程中，信号以数字形式出现，因而不会引进噪声，也不会使信号幅度发生变化，因而其性能较好。为了保证精度，通常模数转换器、数模转换器采用12～16位。将延迟后的信号与原信号混合能获得混响效果，根据延迟信号的延迟时间及幅度的不同，其混响效果也不同。在一定的场所其混响效果是一定的。有时，我们要求混响时间短一些，以免影响语音的清晰度。但有时我们却希望有适当长的混响时间，例如在收听大型交响乐时，利用混响造成一定的气势。

早期人们获得人工混响的方法是采用混响室，即建一个具有长混响时间的房间，其墙面、天花板等处都采用反射能力强的建筑材料。为了增强反射效果，有些还装置一些弧形的扩散板。为改变混响器的混响效果，可在室内旋转各种隔把或增减吸音材料，以改变反射路径或强度来实现。混响室必须和播音室、录音室一样隔绝外界的噪声。在混响室内放置的扬声器和传声器也必须具备良好的频率响应。一般来说，混响室的投资较大。

视控类电子产品

★ 视控技术

视控技术，简单地说就是通过人们的眼睛对各种电子设备或者机械进行控制，指挥设备和机械按人们的意愿行动，完成设定的任务。近年来，随着电脑和数码成像技术的融合，一种新颖的视控技术得到迅猛发展，开始在一些领域里应用，发挥了不可思议的作用。

瑞士的科学家根据每个人的视网膜都不相同的特性，设计了一种利用视网膜图纹控制的锁。这种锁装有视网膜记忆和识别系统，用眼睛对准锁看了一眼，识别系统对照存储的视网膜进行对比，发现与记录吻合，锁就会自动打开。如果与

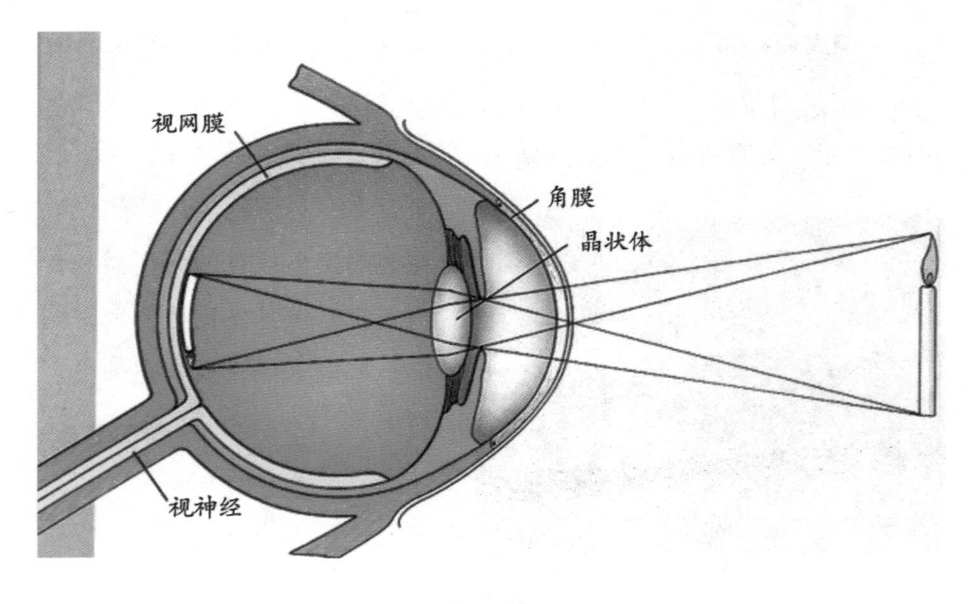

记录不符，锁不仅不会打开，还会发出声音信号来提醒人们注意。

英国科学家设计出了用移动双眼的方法来操纵的电脑。这个设备在人的头部两侧的太阳穴边，分别安放一个圆盘形状的传感器，它能够测出眼睛前部和后部之间存在的微弱电量的电位差，从而使眼睛移动时，电荷的位置也随着变化，传感器立即测出这种变化，并控制计算机的工作。这样人的眼睛只要向左或向右看，就可以指挥光标在计算机屏幕上移动，并操纵计算机完成任务。

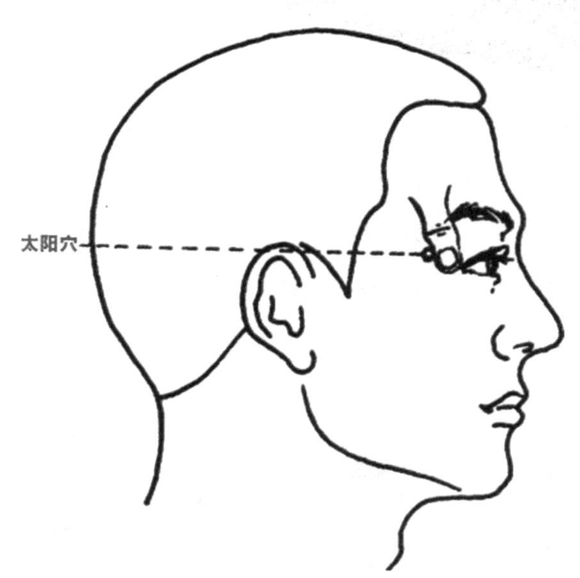

日本也发明了一种视控打印机。这种用目光操作的新型设备配有视力键盘和与电脑相连的红外线摄影机，一个游标在显示屏上出现的字母表上来回移动，人们对准需要选择的字母眨一下眼睛，红外线就会从眼睑反弹回来，触发与打印机联系的电脑，并将它打印记录下来。日本一位55岁的妇女，因病造成全身瘫痪，而且不能说话。她利用两年时间，通过这种视控打印机，终于完成了一本厚达280页的著作。日本还开发出一种新奇的视控眼镜。人们戴上以后，它能接受眼珠转动时发出的电脉冲，然后将信号输入电脑，来对家庭中的空调、电视机、冰箱等进行控制。

根据时空原理发明的一种眼睛摄像机，更是魅力无穷。只要眼睛一看，五彩缤纷的图像就被记录

下来，可谓是不差分毫。这种摄像机的镜头装在眼镜里，在鼻架上有一个微型的广角透镜，聚集的光线集中照射到镜框的微型装置上。这个微型装置再负责把视像变成电信号，输入系在腰部的微型盒式录像机。所有的控制装置及导线全部隐蔽，无人能够察觉。这种摄像机，恐怕会成为记者、情报员的绝妙助手了。

★ 电子防盗术

电子式防盗锁是目前应用最广的防盗锁之一，分为单向和双向的两种。单向电子防盗系统的主要功能是车的开关门、震动或非法开启车门报警等。也有一些品牌的产品根据客户的需求增加了一些功能，如用电子遥控器来完成发动机启动、熄火等。双向可视的电子防盗系统相比单向的先进不少，能彻底让车主知道汽车现实的情

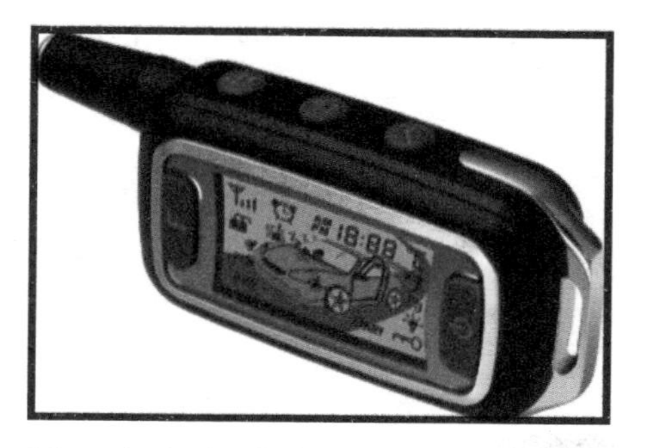

况，当车有异动报警时，同时遥控器上的液晶显示器会显示汽车遭遇的状况，不过缺点是有效范围只有100～200米。

传统的闭路电视监视器在这方面发挥着不小的作用。法国一家书

店的老板在安装好闭路电视监视器的第二天，就发现一个成年人把偷得的书放入一只大袋子里。此人在门口被叫住，并搜出了他袋子里的书。

美国时装人体模型厂商古铁雷斯发明了一种新型人体模型防盗装置。就是在时装模型的体内安装有微型摄像机，把镜头镶在眼眶里，在鼻孔内藏着一台录音机。能够把窃贼的一举一动和声音都如实地录制下来，使窃贼难逃法网。

有一种称为“特洛伊木马”的空心圆柱防盗装置，其圆柱都镶着

镜子，像普通玻璃一样透明。可是圆柱内却装着新式的跟踪器，对行为可疑的顾客自动进行监视。

美国多尔顿图书发行公司为了防止图书被盗，便把像头发丝那样纤细的磁带暗藏在明码标价的小标签上。顾客付款后，磁带随即被“冲洗”。但如果有人企图不付钱就把书带出去，是一定过不了电子大门的监视铃声的。

第四章

先进的通讯设备

通讯设备是国家政治、经济活动的基础设施，是国家通信网络的重要组成部分，它担负着国内、国际通讯任务，在社会主义现代化建设、巩固国防、保障国家安全中起着极为重要的作用。在古代，人们通过驿站、飞鸽传书、烽火报警、符号、身体语言、眼神、触碰等方式进行着信息传递。到如今随着科学水平的飞速发展，相继出现了无线电、固定电话、移动电话、互联网甚至视频电话等各种通信方式。通信技术拉近了人与人之间的距离，提高了经济的效率，深刻的改变了人类的生活方式。

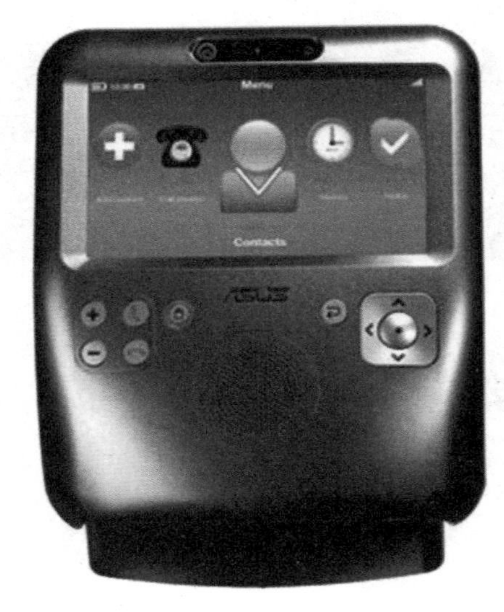

自20世纪末以来，基于网络的信息技术应用，引领了信息革命的创新浪潮。同时，信息技术已经成为全球经济发展的重要驱动因素，在各行各业都显示了其强大的生命力和美好的发展前景。信息带动行业发展战略是行业在创新中的正确发展方向。随着现代通讯设备的不断更新以及通讯事业的蓬勃发展，许多国家都在着眼于改造传统的通信网和建设面向未来的先进通讯网络，为通讯事业的新发展构建更先进的传输平台。本章就通讯设备方面作简要论述。

固定电话

固定电话在现代是重要的通讯手段之一，通过声音的振动利用话机内的话筒调制电话线路上的电流电压，也就是将声音转换为电压信号通过电话线传送到另外一端电话，再利用送话器将电压信号转换为声音信号。因为通常固定在一个位置，所以学术名称为固定电话，也就是平常说的电话座机。这种电话又有好几种，比如：传真电话、母子电话等。

简单的电话机回路包括分别放置在甲乙两地的受话器和送话器、电源以及线路，这些部分均串联连接。实际上，固定电话还应该包括振铃线路，拨号回路以及来电显示等功能，电话机还需配合电信局的交换机完成拨号工作。

★ 电话的发明

目前大家公认的电话发明人是贝尔，他在1876年2月14日向美国专利局申请了电话专利权。其实就在他提出申请两小时之后，一个名叫E. 格雷的人也申请了电话专利权。在他们两个之前，欧洲已经有很多人在进行这方面的设想和研究。早在1854年，电话原理就已由法国人鲍萨尔设想出来了，6年之后德国人赖伊斯又重复了这个设想。原理是将两块薄金属片用电线相连，一方发出声音时，金属片振动，变成电传给对方。但这仅仅是一种设想，问题是送话器和受话器的构造，怎样才能把声音这种机械能转换成电能，并进行传送。最初贝尔用电磁开关来形成一开一闭的脉冲信号，但是这对于声波这样高的频率，这个方法显然是行不通的。最后的成功源于一个偶然的发现，1875年6月2日，在一次试验中，他把金属片连接在电磁开关

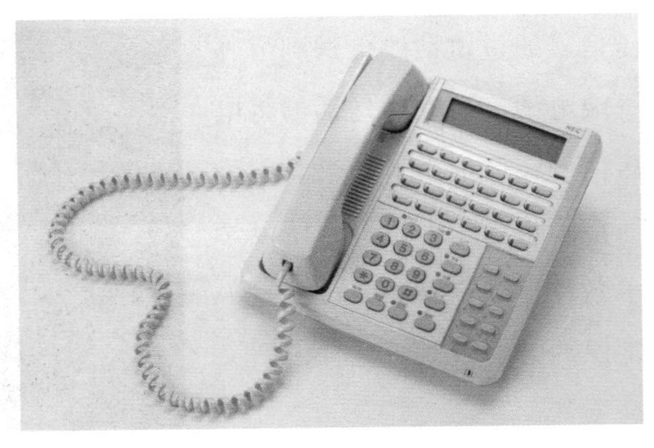

上，没想到在这种状态下，声音奇妙地变成了电流。原来是由于金属片因声音而振动，在其相连的电磁开关线圈中感生了电流。现在看来这原理就是一个学过初中物理的学生也知道，但是那个时候这对于贝尔来说无疑是非常重要的发现。

格雷的设计原理与贝尔有所不同，他是利用送话器内部液体的电阻变化来实现的，而受话器则与贝尔的完全相同。1877年爱迪生又取得了发明碳粒送话器的专利。同时还有很多人对电话的工作方式进行了各种各样的改进。专利之争错综复杂，直到1892年才算告一段落。造成这种局面的一个原因是，当时美国最大的西部联合电报公司买下了格雷和爱迪生的专利权，与贝尔的电话公司对抗。长时期专利之争的结果是双方达成一项协议，西部联合电报公司完全承认贝尔的专利权，从此不再插手电话业，交换条件是17年之内分享贝尔电话公司收入的20%。

无线电话

无线电话是20世纪的重大发明。无线电通信虽是1895年发明

的，但无线电话却是在20世纪初发明了真空三极管之后才出现的。1915年首次成功地实现了跨越大西洋的无线电话通信；1927年在美国和英国之间开通了商用无线电话。当时的越洋无线电话通信是利用了短波无线电波能从电离层折射返回地面这一特性。20世纪30年代发现了超短波，40年代发现了微波。超短波和微波都不能从电离层反射，只具有直线传播的特性，能穿过电离层；它们在地面上只能以视线距离传播。人们利用这种特性开发了多路无线接力通信。超短波接力通信可以传送30路以下的电话；微波接力通信可以传送几千路电话，还可以用来传送彩色电视。

★ 无线电话的发展

20世纪70年代后期出现的蜂窝式移动电话系统，是无线电话的重大发展，迅速在世界各国投入使用。90年代人们提出了覆盖整个地球的低地球轨道卫星移动电话系统，把移动电话系统的基站设在卫星上，可覆盖整个地球，使用户能在任何时间、任何地点与任何人进行通信的“个人通信”成为可能。

移动电话

移动电话通常称为手机，在港台地区通常称为手提电话、手电，早期又有大哥大的俗称，是可以在较广范围内使用的便携式电话终端。目前已发展至3G。

目前在全球范围内使用最广的是所谓的第二代手机（2G），以GSM制式和CDMA为主。它们都是数字制式的，除了可以进行语音通信以外，还可以收发短信（短消息、SMS）、MMS（彩信、多媒体短信）、无线应

用协议（WAP）等。在中国内地及台湾地区以GSM最为普及，CDMA和小灵通（PHS）手机也很流行。目前整个行业正在向第三代手机（3G）的迁移过程中。手机外观上一般都应该包括至少一个液晶显示屏和一套按键（部分采用触摸屏的手机减少了按键）。

★ 手机的外观设计

手机类型顾名思义就是指手机的外在类型，现在比较常用的分类是把手机分为折叠式（单屏、双屏）、直立式、滑盖式、旋转式等几类。

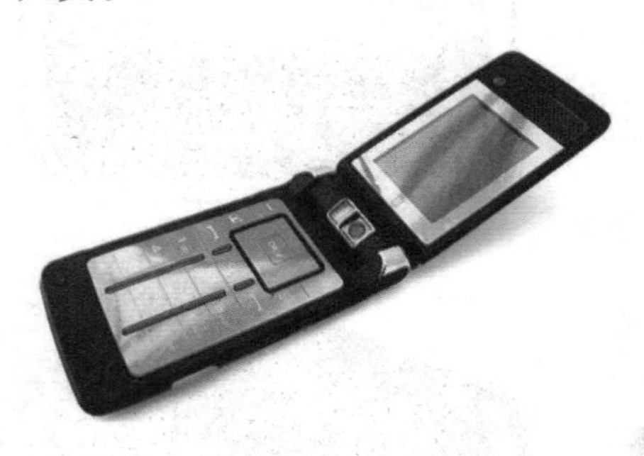

（1）折叠式

折叠式手机是指手机为翻盖式，要翻开盖才可见到主显示屏或按键，且只有一个屏幕，则这种手机被称为单屏翻盖手机。目前，市场上还推出了双屏翻盖手机，即在翻盖上有另一个副显示屏，这个屏幕通常不大，一般能显示时间、信

号、电池、来电号码等功能。

（2）直立式

直立式手机就是指手机屏幕和按键在同一平面，手机无翻盖。也就是我们常说的直板手机。直立式手机的特点主要是可以直接看到屏幕上所显示的内容。

（3）滑盖式

滑盖式手机主要是指手机要通

过抽拉才能见到全部机身。有些机型就是通过滑动下盖才能看到按键；而另一些则是通过上拉屏幕部分才能看到键盘。从某种程度上说，滑盖式手机是翻盖式手机的一种延伸及创新。

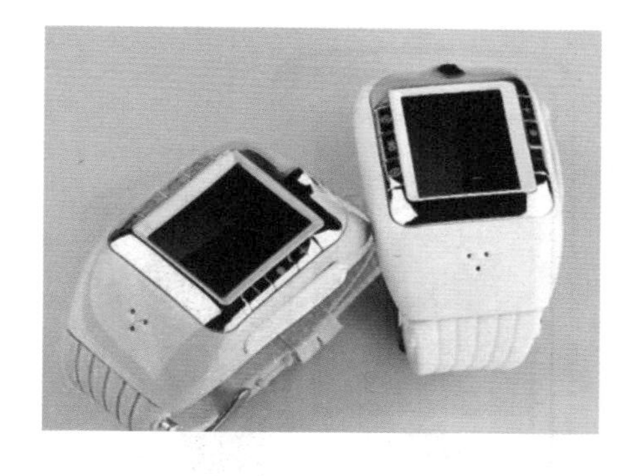

（4）腕表式

腕表式手机主要是带在手上，跟手表形式一样，其设计小巧，功能方面与普通手机并无两样。

（5）旋转式

旋转式和滑盖式差不多，最主要的是在180°旋转后能看到键盘。

★ 手机种类

（1）商务手机

商务手机，顾名思义，就是以商务人士或就职于国家机关单位的人士作为目标用户群的手机产品。由于其功能强大，商务手机倍受青

睐。业内专家指出：“一部好的商务手机，应该帮助用户既能实现快速而顺畅的沟通，又能高效地完成商务活动。”

（2）相机手机

相机手机是手机的一种，也就是内建有相机功能的手机。世

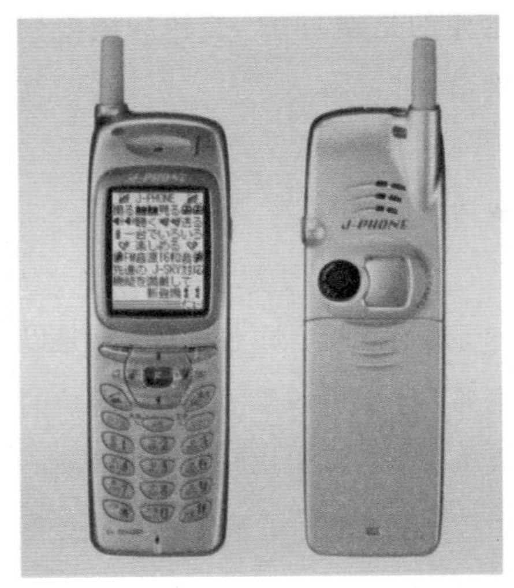

界上第一台相机手机，是由日本的夏普公司在2000年11月所制造的J-SH04。这款相机手机使用了CMOS影像感光模组（简称CMOS），原因是CMOS能够比当时数位相机所用的CCD影像感光模组更为省电。让手机电池不因为加入了相机的使用功能而快速用尽。

（3）学习手机

学习手机是在手机的基础上增加学习功能，以“学习”为主，手机为辅。学习手机主要是适用于初中、高中、大学以及留学生使用的专用手机。所拥有的功能必需是集教材、实用教科书学习为一体的全能化教学工具，以“教学”为目标。对学习有着明显的辅助效果；可以随身携带，随时进入到学习状态，这就是作为学习手机所应有的价值。

（4）老人手机

随着人民健康水平的提高和人口寿命的延长，老年人所占的人口比例越来越大。占人口比重近三分之一的老年群体，他们需要属于他

发出高分贝的求救音，并同时向指定号码拨出求救电话、发出求救短信）、日常菜谱、买菜清单等。

（5）音乐手机

音乐手机，其实就是除了电话的基本功能（打电话、发短信等）外，它更侧重于音乐播放功能。特点是音质好，播放音乐时间持久，有音乐播放快捷键。目前较好的音乐手机有NOKIAXM系列和索爱的

WALKMAN系列，其他品牌也在这类手机中有所涉及。

（6）游戏手机

游戏手机，也就是较侧重游戏功能的手机。特点是机身上有专为游戏设置的按键或方便于游戏的按键，屏幕一般也不会小。

们自己的手机，手机功能上力求操作简便，赛洛特率先推出老人手机以后，众多厂家纷纷效仿研制自己品牌的老人手机。老人手机的实用功能是大屏幕、大字体、大铃音、大按键、大通话音。可方便老人生活使用，它有专业的软件、一键拨号、验钞、手电筒、助听器、语音读电话本、读短信、读来电、读拨号等。不仅如此还要有提高老年人的生活品质的功能，如外放收音机、京剧戏曲、一键求救（按键后

（7）隐形手机

隐形手机是一款高端智能掌上电脑手机，除了超强的商务功能

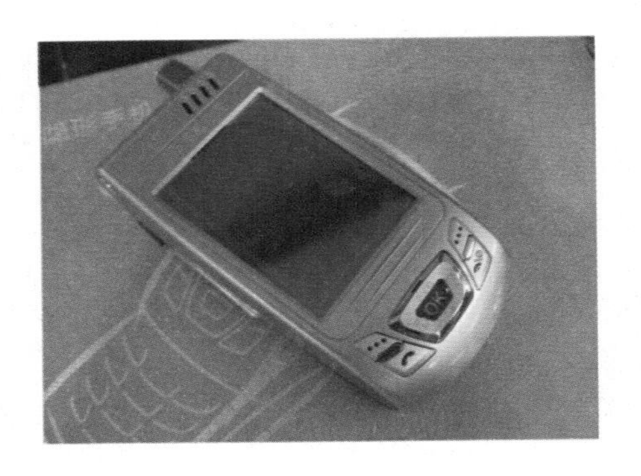

和连笔手写外，顾名思义，最被追捧的是其“隐形”功能。所谓“隐形”，一是电话、短信可以随心所欲接听、接收，不想接听、接收的全被过滤。二是除了机主本人外，任何人看不到发送和接收的短信，看不到通话记录。三是重要名片自动隐藏。最厉害的还不仅仅是看不到的问题，是他人根本就无法知道有无通话和短信及重要名片的存在。用这款手机，即使丢失，个人重要信息无丝毫泄密之忧。

（8）智能手机

智能手机，说通俗一点就是一个简单的“1+1=”的公式，“掌上电脑+手机=智能手机”。从广义上说，智能手机除了具备手机的通话功能外，还具备了PDA的大部分功能，特别是个人信息管理以及基于无线数据通信的浏览器和电子邮件功能。智能手机为用户提供了足够的屏幕尺寸和带宽，既方便随身携带，又为软件运行和内容服务提供了广阔的舞台，很多增值业务可以就此展开，如：股票、新闻、天气、交通、商品、应用程序下

载、音乐图片下载等等。融合3C（电脑、交流、消费者）的智能手机必将成为未来手机发展的新方向。

智能手机比上网本还有优势。

根据比较，发现智能手机（PPC）和上网本的功能基本接近。智能手机比上网本更具有的功能优势有：

①游戏方面，与上网本一样应付不了大型游戏，智能手机上可玩的小游戏还真不少；

②浏览网页方面，其实手机屏幕横向有800像素基本上浏览网页够用了，如果能更高就更好了；

③通话方面，智能手机可以打电话发短信，上网本可不行；

④导航方面，智能手机带的GPS功能也很方便；

⑤电影方面，480P的影片已经比电视效果好了，估计大部分人可以接受用智能手机看这样的片子；

⑥便携方面，4寸的屏幕还可以放在口袋里，再大就不方便携带了。

未来智能手机的优缺点：

这样的一部手机能够让人随时随地的通过电话、短信、网络与外界保持图像、声音、文字、坐标上的全方位联系，还能够通过网络、电话、短信、GPS及时、全面地了解世界、了解朋友、了解自己。同时还可以将娱乐功能发挥得淋漓尽致，能够畅快地看电影、玩游戏，真是其乐无穷。

但是这样功能强大的智能手机也有一个坏处，就是它让人更透明、更加没有距离，能够让人更全面地找到你，领导能够随时随地安排工作给你，因为你到时可以随时随地连入公司的办公系统；老婆可以随时随地查你的岗，因为她和你通话的同时，可以看到你，可以通过你的GPS获知你的地理位置，实现24小时全天候全方位的追踪监控。

视频电话

视频电话是利用电话线路实时传送人的语音和图像（用户的半身像、照片、物品等）的一种通信方式。如果说普通电话是“顺风耳”的话，视频电话就既是“顺风耳”，又是“千里眼”了。视频电话分为走IP线路以及走普通电话线路两种方式。

★ 视频电话的组成

视频电话设备是由电话机、摄

像设备、电视接收显示设备及控制器组成的。视频电话的话机和普通电话机一样是用来通话的；摄像设备的功能，是摄取本方用户的图像传送给对方；电视接收显示设备，其作用是接收对方的图像信号并在荧光屏上显示对方的图像。

★ 视频电话的分类

视频电话根据图像显示的不同，分为静态图像视频电话和动态图像视频电话。静态图像视频电话在荧光屏上显示的图像是静止的，图像信号和话音信号利用现有的模拟电话系统交替传送，即传送图像时不能通话；传送一帧用户的半身静止图像需5～10秒。

一部视频电话设备可以像一部普通电话机一样接入公用电话网使用。动态图像视频电话显示的图像是活动的，用户可以看到对方的微笑或说话的形象。动态图像视频电话的图像信号因包含的信息量大，

所占的频带宽，不能直接在用户线上传输，需要把原有的图像信号数

字化，变为数字图像信号，而后还需采用频带压缩技术，对数字图像信号进行“压缩”，使之所占的频带变窄，这样才可以在用户线上传输。动态图像视频电话的信号因是数字信号，所以要在数字网中进行传输。视频电话还可以加入录像设备，就像录音电话一样，把图像录制下来，以便保留。静态图像视频电话现已在公用电话网上使用，而动态图像视频电话因成本较高尚未大量应用。但是可以预料，随着微电子技术的发展，大规模、超大规模集成电路的广泛使用，以及综合业务数字网的迅速发展，动态图像视频电话必然会在未来的通信中发挥重要的作用。

★ 光纤通信

光作为一种通讯信号自古就有。古代烽火台上燃起的烟火就是一种非常原始的光通讯方式。虽然人类社会的文明程度和科学技术得到了很大的提高，但是这种简单的利用光传递信息的方式仍然在广泛

使用，例如红黄绿交通信号灯。现代人类已经进入了信息社会，人们对通信的要求变得非常强烈。科学家们20世纪60年代便开始了对光通信的研究和探索。光纤通信是利用光波作载波，以光纤作为传输媒质将信息从一处传至另一处的通信方式。光纤通信全称为光导纤维通信，光导纤维通信就是利用光导纤维传输信号，以实现信息传递的一种通信方式。可以把光纤通信看成是以光导纤维为传输媒介的“有线”光通信。光纤由内芯和包层组成，内芯一般为几十微米或几微米，比一根头发丝还细；外面层称为包层，包层的作用就是保护光纤。实际上光纤通信系统使用的不是单根的光纤，而是许多光纤聚集在一起的组成的光缆。

★ 光纤通信的发展历程

1966年英籍华人高锟博士发表

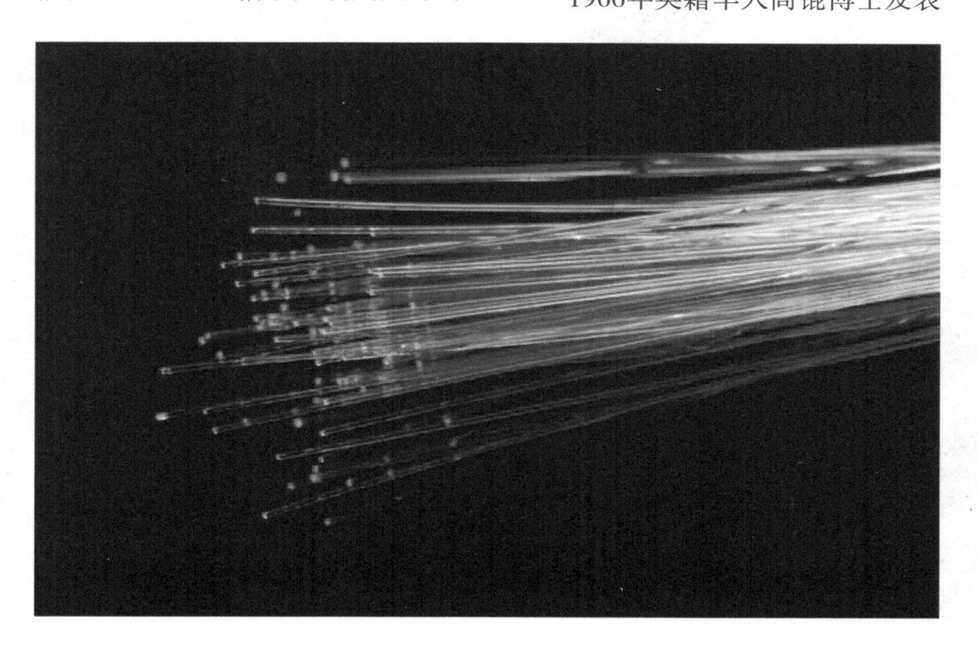

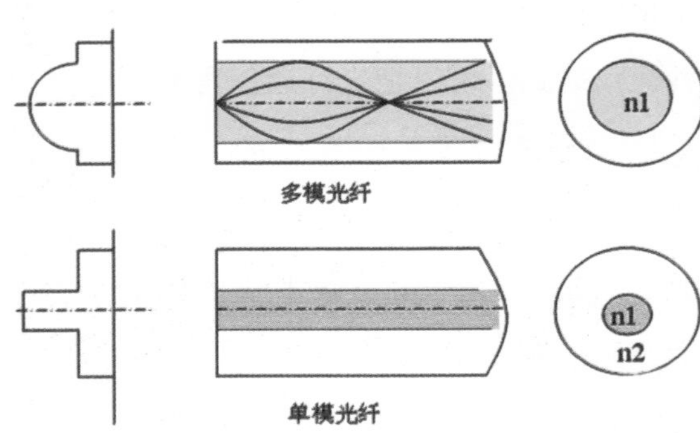

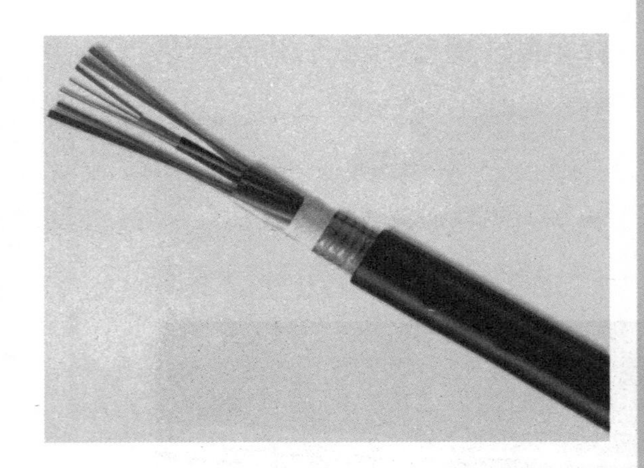

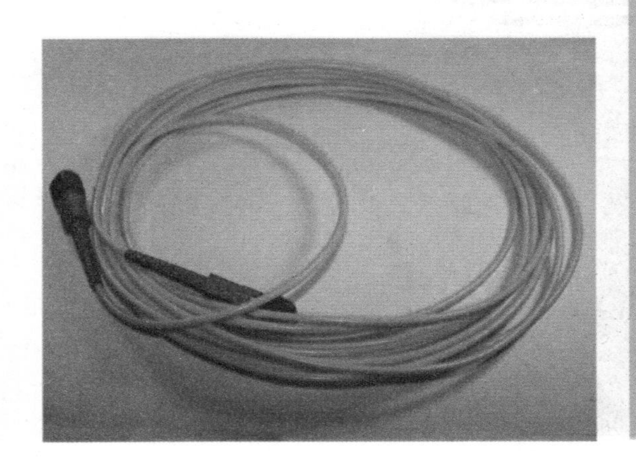

了一篇划时代性的论文，他提出利用带有包层材料的石英玻璃光学纤维，能作为通信媒质。从此开创了光纤通信领域的研究工作。1977年美国在芝加哥相距7000米的两电话局之间，首次用多模光纤成功地进行了光纤通信试验。85微米波段的多模光纤为第一代光纤通信系统。1981年又实现了两电话局间使用1.3微米多模光纤的通信系统，为第二代光纤通信系统。1984年实现了1.3微米单模光纤的通信系统，即第三代光纤通信系统。20世纪80年代中后期又实现了1.55微米单模光纤通信系统，即第四代光纤通信系统。用光波分复来提高速率，用光波放大增长传输距离的系统，为第五代光纤通信系统。新系统中相关光纤通信系统，已达现场实验水平，并将得到应用。光孤子通信系统可以获得极高的速率，在该系统中加上光纤放大器有可能实现极高速率和极长距离的光纤通信。

★ 我国光纤通信发展史

光纤通信的发展极其迅速，至1991年底，全球已敷设光缆563万千米，到1995年已超过1100万千米。光纤通信在单位时间内能传输的信息量较大。一对单模光纤可同时开通35000个电话，该项技术目前还在飞速发展。光纤通信的建设费用正随着使用数量的增大而降低，同时它具有体积小，重量轻，使用金属少，抗电磁干扰、抗辐射性强，保密性好，频带宽，抗干扰性好，防窃听、价格便宜等优点。

1973年，世界光纤通信尚未实用。邮电部武汉邮电科学研究院（当时是武汉邮电学院）就开始研究光纤通信。由于武汉邮电科学研究院采用了石英光纤、半导体激光器和编码制式通信机正确的技术路线，使我国在发展光纤通信技术上少走了不少弯路，从而使我国光纤通信在高新技术中与发达国家有较小的差距。

我国研究开发光纤通信正处于十年

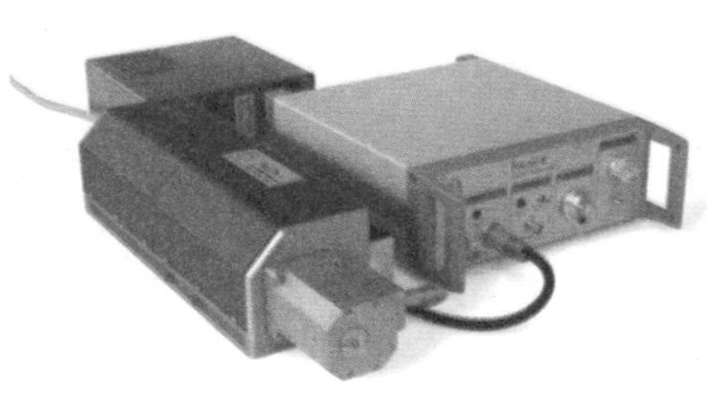

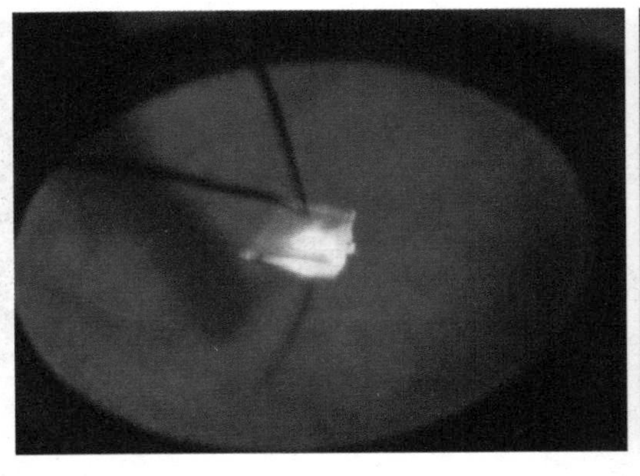

动乱时期，处于封闭状态。国外技术基本无法借鉴，纯属自己摸索，一切都要自己研究，包括光纤、光电子器件和光纤通信系统。就研制光纤来说，原料提纯、熔炼车床、拉丝机，还包括光纤的测试仪表和接续工具也全都要自己开发，困难极大。为了保证光纤通信最终能为经济建设所用，武汉邮电科学研究院开展了全面研究，除研制光纤外，还开展光电子器件和光纤通信系统的研制，使我国至今具有了完整的光纤通信产业。

1978年改革开放后，光纤通信的研发工作大大加快。上海、北京、武汉和桂林都研制出光纤通信试验系统。1982年邮电部重点科研工程“八二工程”在武汉开通。该工程被称为实用化工程，要求一

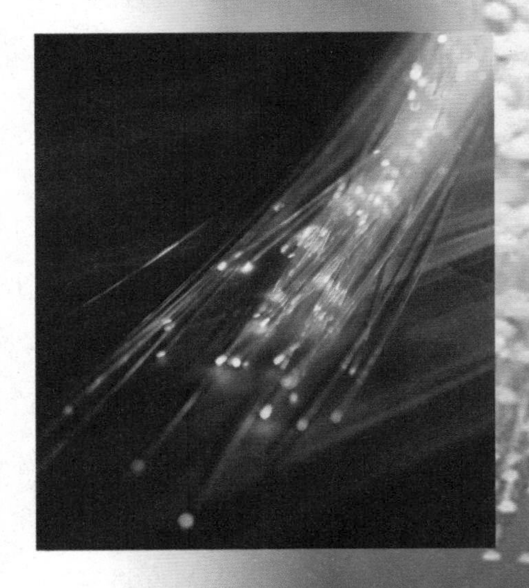

切是商用产品而不是试验品，要符合国际CCITT标准，要由设计院设计、工人施工，而不是科技人员施

工。从此我国的光纤通信进入了实用性阶段。

在20世纪80年代中期，数字光纤通信的速率已达到144兆每秒，可传送1980路电话，超过同轴电缆载波。于是光纤通信作为主流被大量采用，在传输干线上全面取代了电缆。经过国家“六五”“七五”“八五”和“九五”计划，我国已建成“八纵八横”干线网，连通全国各省区市。现在我国已敷设光缆总长约250万公里。光纤通信已成为我国通信的主要手段。在国家科技部、计委、经委的安排下，1999年我国生产的8×2.5Gb/sWDM系统首次在青岛至大连开通，随之沈阳至大连的32×2.5Gb/sWDM光纤通信系统也全线开通。2005年3.2Tbps超大容量的光纤通信系统在上海至杭州开通，是至今世界容量最大的实用线路。

我国已建立了一定规模的光纤通信产业。我国生产的光纤光缆、半导体光电子器件和光纤通信系统能供国内建设，并有少量出口。

有人认为，我国光纤通信主要干线已经建成，光纤通信容量达到Tbps，几乎用不完，再则2000年的IT泡沫，使光纤的价格低到每公里100元，几乎无利可图。但光纤本身制造属性决定，光纤仍然有较大的发展空间，如新光纤研制、光子晶体等。

实际上，3G移动通信网的建设也需要光纤网来支持。随着宽带业务的发展、网络需要扩容等，光纤通信仍有巨大的市场。现在每年光纤通信设备和光缆的销售量是处于上升状态的。

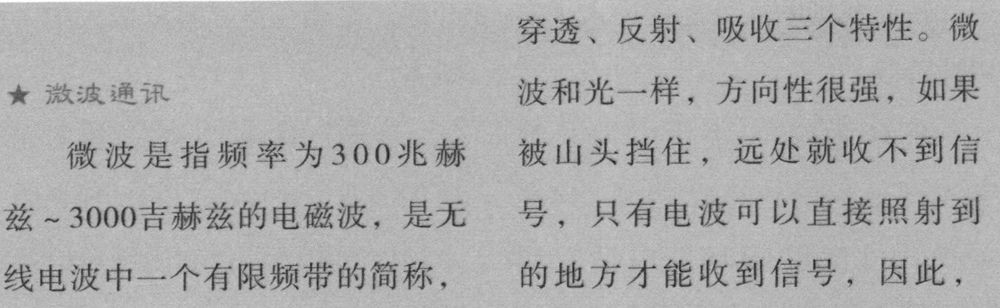

★ 微波通讯

微波是指频率为300兆赫兹~3000吉赫兹的电磁波，是无线电波中一个有限频带的简称，即波长在1米（不含1米）到0.1毫米之间的电磁波，是分米波、厘米波、毫米波和亚毫米波的统称。微波的基本性质通常呈现为穿透、反射、吸收三个特性。微波和光一样，方向性很强，如果被山头挡住，远处就收不到信号，只有电波可以直接照射到的地方才能收到信号，因此，每隔一定距离就要建立一个微波接力站，接受前方送来的微波信号的优点，加以放大传送下去，因而微波通讯又叫“微波接力通讯”或“微波中继通讯”。

微波通信是在无线电通讯的基础上发展起来的一种新的通讯技术。是国家通信网的一种重要手段，也普遍适用于各种专用通信网。它具有容量大、质量高、可以长距离传送电视、电话、电报、照片、数据等各种通讯信号的优点，还有投资省、建设快等多方面的优势。因此，它已成为现代化通讯的一个重要组成部分。

★ 微波通讯的特点

微波通信频带宽、容量大、可以用于各种电信业务传送，如电话、电报、数据、传真以及彩色电视等均可通过微波电路传输。此外，微波通信具有良好的抗灾性能，对于水灾、风灾以及地震等自然灾害，微波通信一般都不受影响。但微波经空中传送，易受干扰，在同一微波电路上不能使用相同频率朝同一方向传送，因此微波电路必须在无线电管理部门的严格管理之下进行建设。此外由于微波直线传播的特性，在电波波束方向上，不能有高楼阻挡，因此城市规划部门要考虑城市空间微波通道的规划，使之不受高楼的阻隔而影响通信。

由于微波的频率极高，波长又很短，其在空中的传播特性与光波相近，也就是直线前进，遇到阻挡就被反射或被阻断，因此微波通信的主要方式是视距通信，超过视距以外需要中继转发。一般说来，由于地球曲面的影响以及空间传输的损耗，每隔50公里左右，就需要设置中继站，将电波放大转发而延伸。这种通信方式，也称为“微波中继通信”或称“微波接力通信”。长距离微波通信干线可以经过几十次中继而传至数千公里仍可保持很高的通信质量。

★ 微波通讯的设备

微波站的设备包括天线、收发信机、调制器、多路复用设备以及电源设备、自动控制设备等。为了把电波聚集起来成为波束并送至远方，一般都采用抛物面天线，其聚焦作用可大大增加传送距离。多个收发信机可以共

同使用一个天线而互不干扰，我国现用微波系统在同一频段同一方向可以有六收六发同时工作，也可

有八收八发同时工作以增加微波电路的总体容量。多路复用设备有模拟和数字之分。模拟微波系统每个收发信机可以工作于60路、960路、1800路或2700路通信，可用于不同容量等级的微波电路。数字微波系统应用数字复用设备以30路电话按时分复用原理组成一次群，进而可组成二次群120路、三次群480路、四次群1920路，并经过数字调制器调制于发射机上，在接收端经数字解调器还原成多路电话。最新的微波通信设备，其数字系列标准与光纤通信的同步数字系列（SDH）完全一致，称为SDH微波。这种新的微波设备在一条电路上，八个束波可以同时传送三万多路数字电话电路。

★ 我国微波通信的发展

近年来我国开发成功点对多点微波通信系统，其中心站采用全向天线向四周发射，在周围50千米以内，可以有多个点放置用户站，从用户站再分出多路电话分别接至各

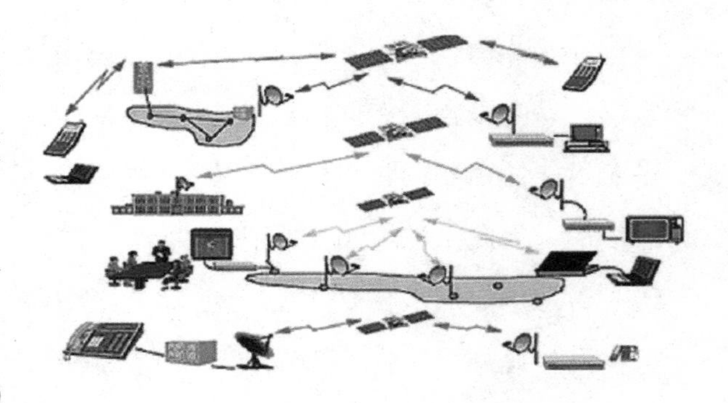

用户使用。其总体容量有100线、500线和1000线等不同的容量的设备，每个用户站可以分配十几或数十个电话用户，在必要时还可通过中继站延伸至数百千米外的用户使用。这种点对多点微波通信系

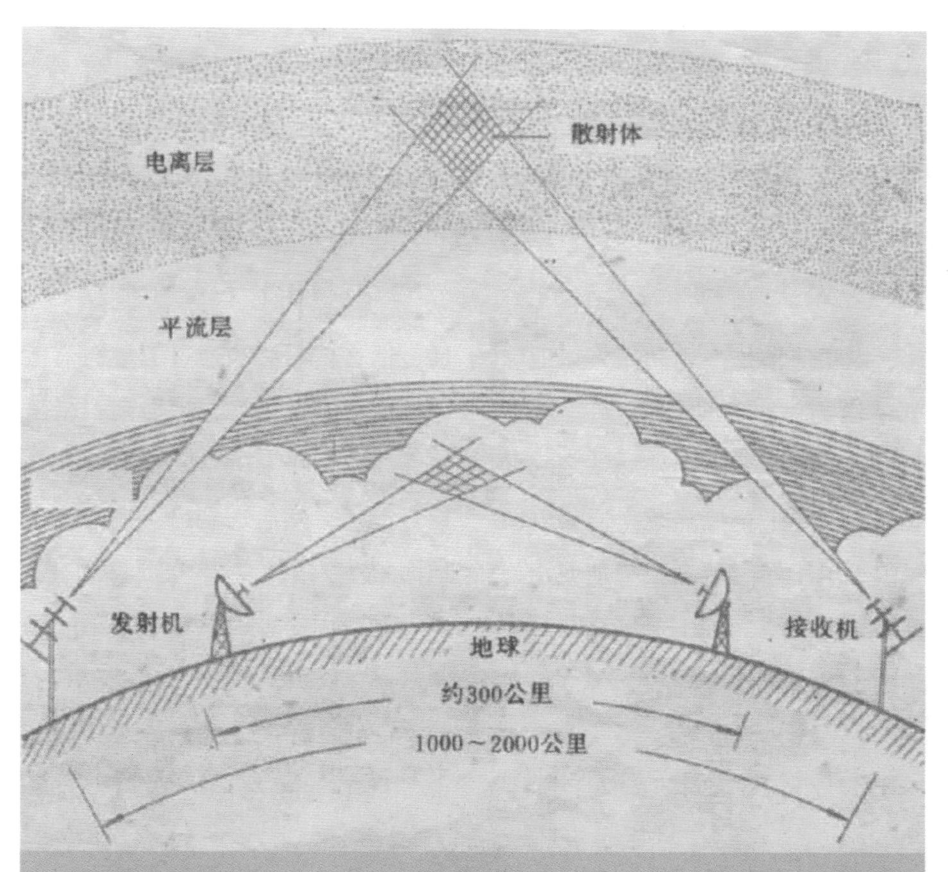

统对于城市郊区、县城至农村村镇或沿海岛屿的用户以及对分散的居民点也十分合用，是一种较为经济的选择。

微波通信还有“对流层散射通信”“流星余迹通信”等，是利用高层大气的不均匀性或流星的余迹对电波的散射作用而达到超过视距的通信，这些系统，在我国应用较少。

卫星通讯

卫星通信是一种利用人造地球卫星作为中继站来转发无线电波而进行的两个或多个地球站之间的通信。卫星通信线路是指通信电波经由卫星中转、放大，与地面相连接的整个路线。利用卫星线路打电话，话音信号必须通过卫星通信地面站变成载波信号，发射到卫星上去，再由卫星上的空间转发器补充信号能量，然后送到另一端的卫星地面站。

对于用户来说，利用卫星线路

打电话和利用地面线路打电话的方法基本是一样的。如果卫星线路是接在自动交换机上，便可直接拨号通话。如果卫星线路是接在人工交换机上，用户打电话则需要有人工交换机的值机员接通线路后，方可通话。由于我国目前现代化的电话自动交换设备不够普及，远离卫星地面站的用户，只能由长途台话务员通过微波或电缆线路，接通卫星通信地面站后，才能通话。

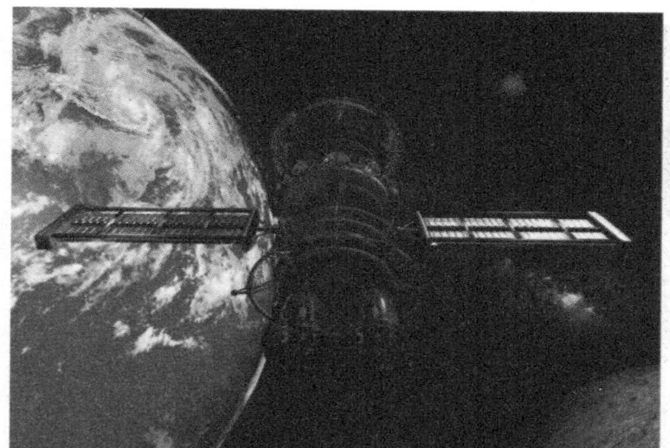

★ 卫星中继通话器

基于卫星通信系统来传输信息的通话器就是卫星中继通话器。卫星中继通话器是现代移动通信的产物，其主要功能是填补现有通信（有线通信、无线通信）终端无法覆盖的区域，为人们的工作提供更为健全的服务。现代通信中，卫星

通信是无法被其他通信方式所替代的，现有常用通信所提供的所有通信功能，均已在卫星通信中得到应用。

★ 卫星通信系统的组成

（1）空间系统

由于移动天线终端尺寸小，在L频段每信道所需卫星辐射功率较比定卫星业务中相应的信道的功率大，预计所需的卫星功率为3000瓦，天线直径约为5米，用多波束覆盖业务区。这就要使每个信号选定从单一K频段波束到所需L频段波束以及反向的接续路由。K频段被划分几段，每段对应L频段的一个特定的点波束有以下两个难点：

①每个L段上的业务无法精确预测，而且随时变化；

②国内业务和国际业务的分配很复杂，也使得卫星移动通信系统业务的陆地、海上、空中三个部分的分配很困难，以便与本波束内业务取得一致。但是，这里不存在L频段到L频段的路径。

（2）地面系统

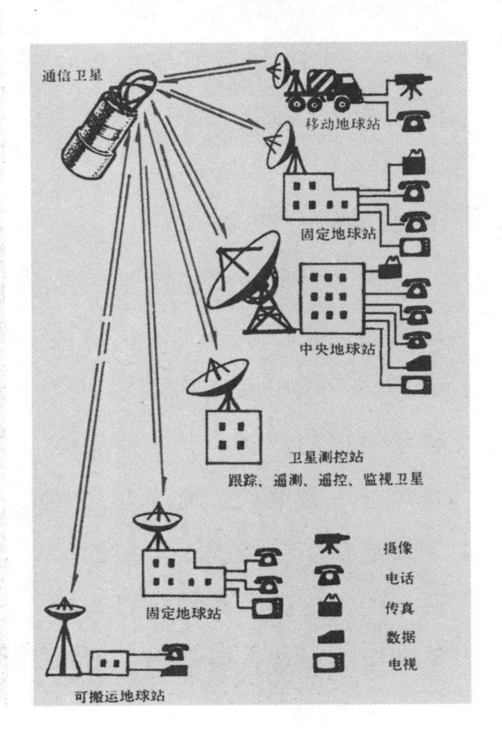

都需要一个频率综合器，以便将他们调谐到所需的5千赫兹信道。该系统还采用专用信令信道，以免系统在公共安全紧急救援期间饱和，并为天线的指向调整提供参考。信令信道在移动台从一个卫星波束进入相

①卫星移动无线电台和天线

卫星移动无线电台和陆地移动无线电台的功能、复杂性。部件数量和类型很相似，只是卫星移动无线电台使用5千赫兹信道间隔而不是25或30千赫兹。电台话音、调度通话器、数据、消息分组、定位、寻呼等都属于该卫星中继通话器系统本身的功能，每个卫星移动电台

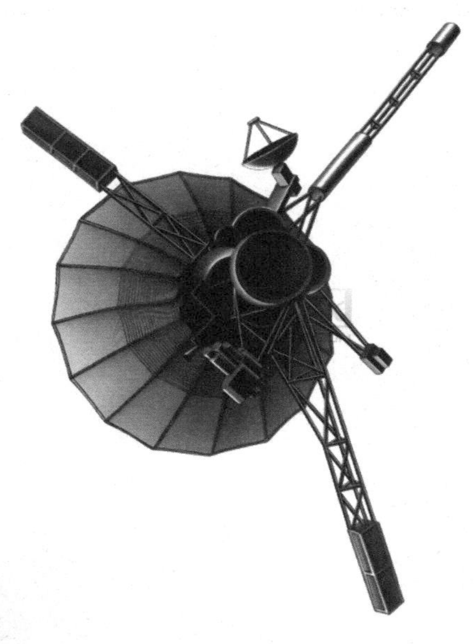

邻卫星波束时，为波束转换提供幅度参考电平。

为获得满意的话音质量以及邻星的频率再用，需要约13dBi的高增益天线。天线的辐射图形可以是圆的或是椭圆的，在方

位角上通过电动的机械方法实现调整。也可以通过圆形阵列的切换达到近13dBi的增益。

②关口站、基站

地球站工作于K频段，由于卫星移动通信服务的基本结构是每载波单信道，所以关口站必须自动按网控中心从信令信道传来的指令调谐到5千赫兹信道。基站需要频率合成器，可以工作在固定信道。这两种站都使用3.3米天线，但通信密度大的地区其关口站需要较大的天线。关口站应有足够的容量，以免阻塞；还要有足够备份以保证较高的可用性。一个出故障的关口站将被旁路，这时呼叫由相邻的关口站临时转接。

★ 卫星通信的特点

卫星通信是现代通信技术的重要成果，它是在地面微波通信和空间技术的基础上发展起来的。与电缆通信、微波中继通信、光纤通信、移动通信等通信方式相比，卫星通信具有下列特点：

（1）卫星通信覆盖区域大，通信距离远。因为卫星距离地面很远，一颗地球同步卫星便可覆盖地球表面的1/3，因此，利用3颗适当分布的地球同步卫星即可实现除两

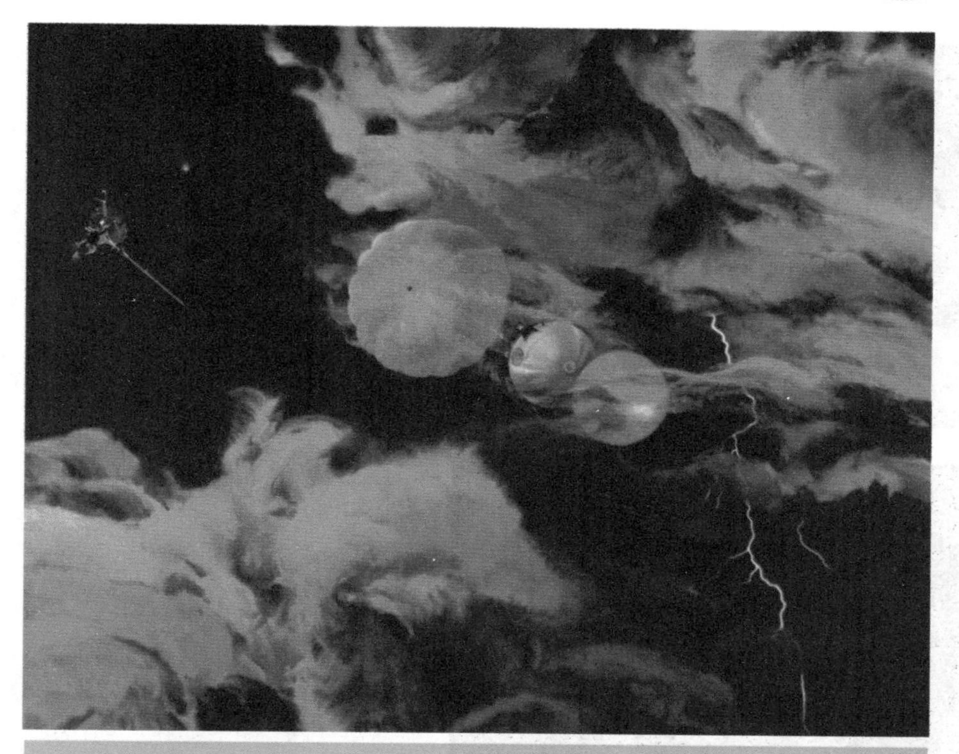

极以外的全球通信。卫星通信是目前远距离越洋电话和电视广播的主要手段。

（2）卫星通信具有多址联接功能。卫星所覆盖区域内的所有地球站都能利用同一卫星进行相互间的通信，即多址联接。

（3）卫星通信频段宽，容量大。卫星通信采用微波频段，每个卫星上可设置多个转发器，故通信容量很大。

（4）卫星通信机动灵活。地球站的建立不受地理条件的限制，可建在边远地区、岛屿、汽车、飞机和舰艇上。

（5）卫星通信质量好，可靠性高。卫星通信的电波主要在自由空间传播，噪声小，通信质量好。就可靠性而言，卫

星通信的正常运转率达99.8%以上。

（6）卫星通信的成本与距离无关。地面微波中继系统或电缆载波系统的建设投资和维护费用都随距离的增加而增加，而卫星通信的地球站至卫星转发器之间并不需要线路投资，因此，其成本与距离无关。

但卫星通信也有不足之处，主要表现在：

（1）传输时延大。在地球同步卫星通信系统中，通信站到同步卫星的距离最大可达40000千米，电磁波以光速（3×10^8米每秒）传输，这样，路经地球站→卫星→地球站（称为一个单跳）的传播时间约需0.27秒。如果利用卫星通信打电话的话，由于两个站的用户都要经过卫星，因此，打电话者要听到对方的回答必须额外等待0.54秒。

（2）回声效应。在卫星通

信中，由于电波来回转播需0.54秒，因此产生了讲话之后的“回声效应”。为了消除这一干扰，卫星电话通信系统中增加了一些设备，专门用于消除或抑制回声干扰。

（3）存在通信盲区。把地球同步卫星作为通信卫星时，由于地球两极附近区域“看不见”卫星，因此不能利用地球同步卫星实现对地球两极的通信。

（4）存在日凌中断、星蚀和雨衰现象。

★ 移动卫星通信系统的分类

卫星移动通信系统的分类可按其应用来分，也可以按他们所采用的技术手段来分。

（1）按应用分类

按应用分，卫星移动通信系统可分为海事卫星移动系统、航空卫星移动系统和陆地卫星移动系统。海事卫星移动系统主要用于改善海

上救援工作，提高船舶使用的效率和管理水平，增强海上通信业务和无线定位能力。航空卫星移动系统主要用于飞机和地面之间为机组人员和乘客提高话音和数据通信。陆地卫星移动系统主要用于为行驶的车辆提供通信。

（2）按轨道分类

通信卫星的运行轨道有两种。一种是低或中高轨道。在这种轨道上运行的卫星相对于地面是运动的。它能够用于通信的时间短，卫星天线覆盖的区域也小，并且地面天线还必须随时跟踪卫星。另一种轨道是高达36000千米的同步定点轨道，即在赤道平面内的圆形轨道，卫星的运行周期与地球自转一圈的时间相同，在地面上看这种卫星好似静止不动，称为同步定点卫星。它的特点是覆盖照射面大，三颗卫星就可以覆盖地球的几乎全部面积，可以进行24小时的全天候通信。

（3）按频率分类

按照该卫星所使用的频率范围将卫星划分为L波段卫星、Ka波段卫星等。

（4）按服务区域分类

随着航天技术日新月异的发展，通信卫星的种类也越来越多。按服务区域划分，有全球、

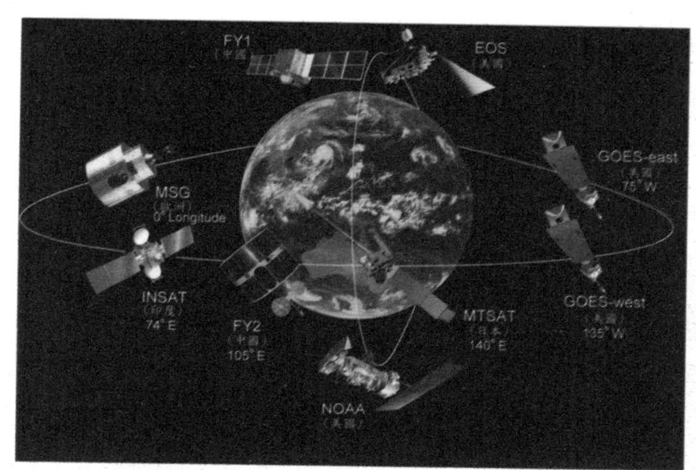

区域和国内通信卫星。顾名思义，全球通信卫星是指服务区域遍布全球的通信卫星，这常常需要很多卫星组网形成。而区域卫星仅仅为某一个区域的通信服务。而国内卫星范围则更窄，仅限于国内使用，其实各种分类方式都是想将卫星的某一特性更强地体现出来，以便人们更好地区分各种卫星。

★ 卫星通信的优点与缺点

卫星通信同现在常用的电缆通信、微波通信等相比，其优点如下：

①远：是指卫星通信的距离远。俗话说，“站的高，看的远”，同步通信卫星可以“看”到地球最大跨度达18000余千米。在这个覆盖区内的任意两点都可以通过卫星进行通信，而微波通信一般是50千米左右设一个中继站，一颗同步通信卫星的覆盖距离相当于300多个微波中继站。

②多：指通信路数多、容量大。一颗现代通信卫星，可携带几个到几十个转发器，可提供几路电视和成千上万路通话器。

③好：指通信质量好、可靠性高。卫星通信的传输环节少，不受地理条件和气象的影响，可获得高质量的通信信号。

④活：指运用灵活、适应性强。它不仅可以实现陆地上任意两点间的通信，而且能实现船与船，船与岸上、空中与陆地之间的通信，它可以结成一个多方向、多点的立体通信网。

⑤省：指成本低。在同样的容量、同样的距离下，卫星通信和其他的通信设备相比较，所耗的资金少，卫星通信系统的造价并不随通信距离的增加而提高，随着设计和工艺的成熟，成本还会降低。

卫星通信同现在常用的电缆通信、微波通信等相比，其缺点有如下方面：

①高：指通信资费标准高于常用的电缆通信、微波通信，是其资费标准的十倍乃至几十倍。

②差：指在大型建筑内或山体等物体遮盖住设备本身时通信信号无或闪烁不定。

③慢：指在通话过程中有延时现象，导致接续不畅。

第五章

现代化的数字通信

数字通信是用数字信号作为载体来传输消息，或用数字信号对载波进行数字调制后再传输的通信方式。它可传输电报、数字数据等数字信号，也可传输经过数字化处理的语声和图像等模拟信号。

数字通信的早期历史是与电报的发展联系在一起的。1937年，英国人A. H. 里夫斯提出脉码调制（PCM），从而推动了模拟信号数字化的进程。1946年，法国人E. M. 德洛雷因发明增量调制。1950年C.C.卡特勒提出差值编码。1947年，美国贝尔实验室研制出供实验用的24路电子管脉码调制装置，证实了实现PCM的可行性。1953年发明了不用编码管的反馈比较型编码器，扩大了输入信号的动态范围。1962年，美国研制出晶体管24路1.544兆比每秒的脉码调制设备，并在市话网局间使用。

20世纪90年代，数字通信向超高速大容量长距离方向发展，高效编码技术日益成熟，语声编码已走向实用化，新的数字化智能终端将进一步发展。

全球卫星定位系统

全球定位系统（通常简称GPS）是一个中距离圆型轨道卫星导航系统。它可以为地球表面绝大部分地区（98%）提供准确的定位、测速和高精度的时间标准。系统由美国国防部研制和维护，可满足位于全球任何地方或近地空间的军事用户连续精确的确定三维位置、三维运动和时间的需要。该系统包括太空中的24颗GPS卫星；地面上的1个主控站、3个数据注入站和5个监测站及作为用户端的GPS接收机。最少只需其中4颗卫星，就能迅速确定用户端在地球上所处的位置及海拔高度；所能收联接到的卫星数越多，解码出来的位置就越精确。

全球卫星定位系统是一种结合卫星及通讯发展的技术，利用导航卫星进行测时和测距。其具有海陆

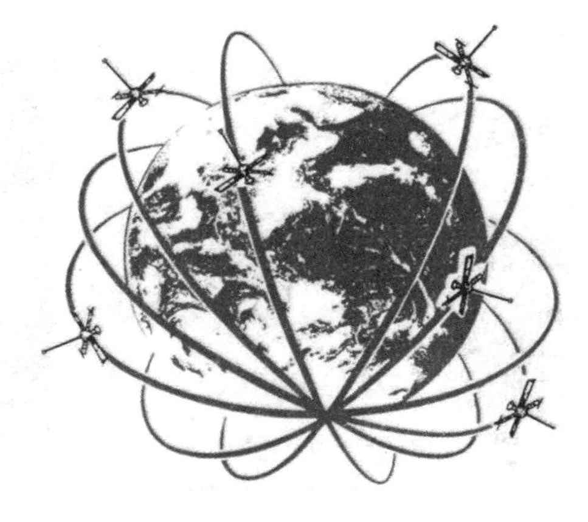

空全方位实时三维导航与定位能力的新一代卫星导航与定位系统。全球卫星定位系统以全天候、高精度、自动化、高效益等特点，成功地应用于大地测量、工程测量、航空摄影、运载工具导航和管制、地壳运动测量、工程变形测量、资源勘察、地球动力学等多种学科，因此取得了好的经济效益和社会效益。

★ GPS系统的发展历程

GPS系统的前身为美军研制的一种子午仪卫星定位系统，1958年研制，1964年正式投入使用。该系统用5到6颗卫星组成的星网工作，每天最多绕过地球13次，但无法给出高度，在定位精度方面也不尽如人意。然而，子午仪系统使得研发部门对卫星定位取得了初步的经验，并验证了由卫星

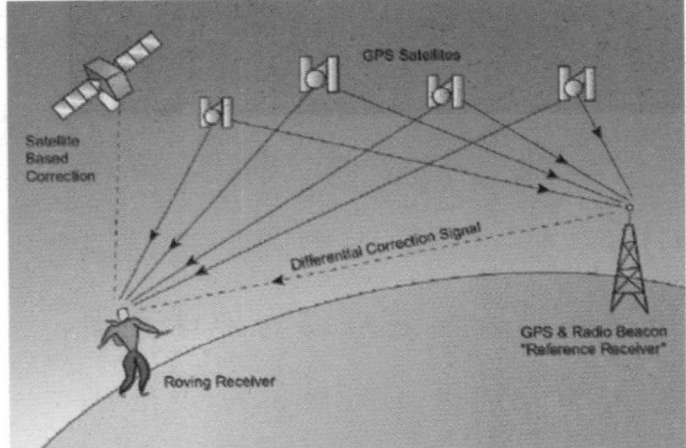

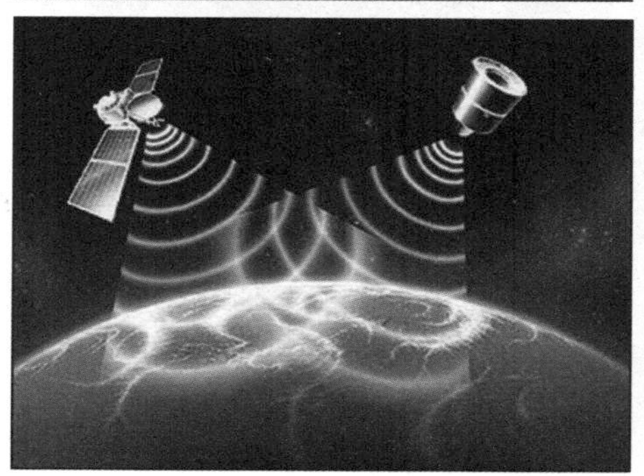

系统进行定位的可行性，为GPS系统的研制埋下了铺垫。由于卫星定位显示出在导航方面的巨大优越性及子午仪系统存在对潜艇和舰船导航方面的巨大缺陷。美国海陆空三军及民用部门都感到迫切需要一种新的卫星导航系统。为此，美国海军研究实验室（NRL）提出了名为Tinmation的用12到18颗卫星组成10000千米高度的全球定位网计划，并于1967年、1969年和1974年各发射了一颗试验卫星，在这些卫星上初步试验了原子钟计时系统，这是d精确定位的基础。而美国空军则提出了621-B的以每星群4到5颗卫星组成3至4个星群的计划，这些卫星中除1颗采用同步轨道外其余的都使用周期为24小时的倾斜轨道，该计划以伪随机码（PRN）为基础传播卫星测距信号，其强大的功能，当信号密度低于环境噪声的1%时也能将

其检测出来。伪随机码的成功运用是GPS系统得以取得成功的一个重要基础。海军的计划主要用于为舰船提供低动态的2维定位，空军的计划能供提供高动态服务，然而系统过于复杂。由于同时研制两个系统会造成巨大的费用而且这里两个计划都是为了提供全球定位而设计的，所以1973年美国国防部将二者合二为一，并由国防部牵头的卫星导航定位联合计划局（JPO）领导，还将办事机构设立在洛杉矶的空军航天处。该机构成员众多，包括美国陆军、海军、海军陆战队、交通部、国防制图局、北约和澳大利亚的代表。

最初的GPS计划在联合计划局的领导下诞生了，该方案将24颗卫星放置在互成120°的三个轨道上。每个轨道上有8颗卫星，地球上任何一点均能观测到

6至9颗卫星。这样，粗码精度可达100米，精码精度为10米。由于预算压缩，GPS计划部得不减少卫星发射数量，改为将18颗卫星分布在互成60°的6个轨道上。然而这一方案使得卫星可靠性得不到保障。1988年又进行了最后一次修改：21颗工作星和3颗备份星在互成30°的6条轨道上工作。这也是现在GPS卫星所使用的工作方式。

从1978年到1979年，由位于加利福尼亚的范登堡空军基地采用双子座火箭发射4颗试验卫星，卫星运行轨道长半轴为26560千米，倾角64°。轨道高度20000千米。这一阶段主要研制了地面接收机及建立地面跟踪网，结果令人满意。

从1979年到1984年，又陆续发射了7颗称为BLOCKI的试验卫星，研制了各种用途的接收机。实验表明，GPS定位精度远远超过设计标准，利用粗码定位，其精度就可达14米。

1989年2月4日第一颗GPS工作卫星发射成功，这一阶段的卫星称为BLOCKII和BLOCKIIA。此阶段宣告GPS系统进入工程建设状态。1993年底实用的GPS网即（21+3）GPS星座已经建成，今后将根据计划更换失效的卫星。

★ GPS系统的组成部分

GPS全球卫星定位系统由三部分组成：空间部分——GPS星座（GPS星座是由24颗卫星组成的星座，其中21颗是工作卫星，3颗是备份卫星）；地面控制部分——地面监控系统；用户设备部分——GPS信号接收机。

（1）空间部分

GPS的空间部分是由24颗工作卫星组成，它位于距地表20200千米的上空，均匀分布在6个轨道面上（每个轨道面4颗），轨道倾角为55°。此外，还有4颗有源备份卫星在轨运行。卫星的分布使得在全球任何地方、任何时间都可观测到4颗以上的卫星，并能保持良好定位解算精度的几何图像。这就提供了在时间上连续的全球导航能力。GPS卫星产生两组电码，一组称为C/A码（Coarse/Acquisition Code11023兆赫兹）；一组称为P码（Procise Code10123兆赫兹），P码因频率较高，不易受干扰，定位精度高，因此受美国军方管制，并

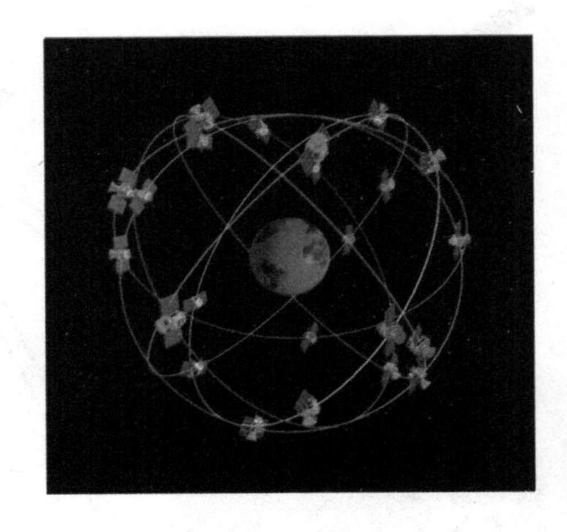

设有密码，一般民间无法解读，主要为美国军方服务。C/A码人为采取措施而刻意降低精度后，主要开放给民间使用。

（2）地面控制部分

地面控制部分由一个主控站，5个全球监测站和3个地面控制站组成。监测站均配装有精密的铯钟和能够连续测量到所有可见卫星的接受机。监测站将取得的卫星观测数据，包括电离层和气象数据，经过初步处理后，传送到主控站。主控站从各监测站收集跟踪数据，计算出卫星的轨道和时钟参数，然后将结果送到3个地面控制站。地面控制站在每颗卫星运行至上空时，把这些导航数据及主控站指令注入到卫星。这种注入对每颗GPS卫星每天一次，并在卫星离开注入站作用范围之前进行最后的注入。如果某地面站发生故障，那么在卫星中预存的导航信息还可用一段时间，但导航精度会逐渐降低。

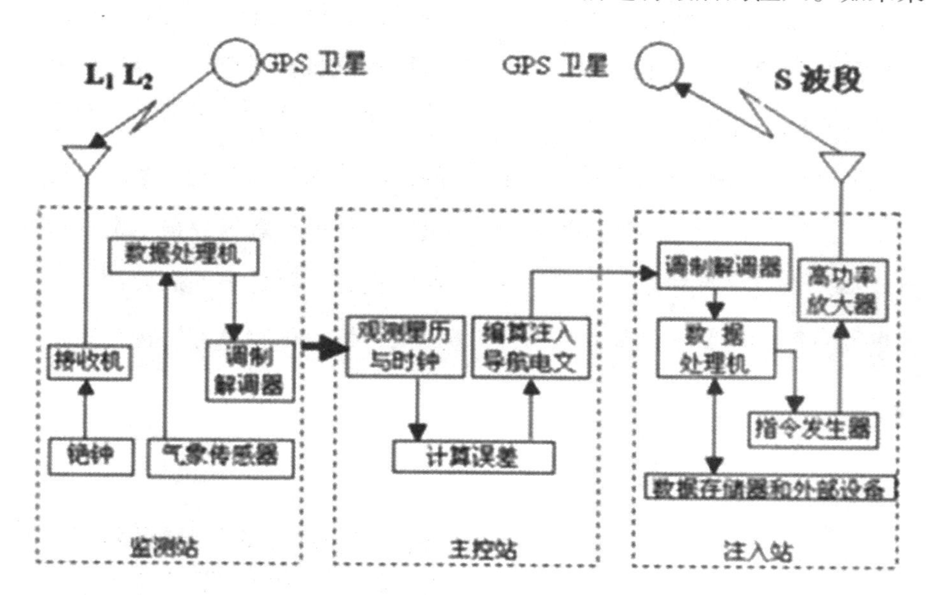

对于导航定位来说，GPS卫星是一动态已知点，卫星的位置是依据卫星发射的星历，描述卫星运

动及其轨道的的参数算得的。每颗GPS卫星所播发的星历，是由地面监控系统提供的。卫星上的各种设备是否正常工作，以及卫星是否一直沿着预定轨道运行，都要由地面设备进行监测和控制。地面监控系统另一重要作用是保持各颗卫星处于同一时间标准——GPS时间系统。这就需要地面站监测各颗卫星的时间，求出时差。然后由地面注入站发给卫星，卫星再由导航电文发给用户设备。GPS工作卫星的地面监控系统包括一个主控站、三个注入站和五个监测站。

（3）用户设备部分

用户设备部分即GPS信号接收机。其主要功能是能够捕获到按一定卫星截止角所选择的待测卫星，并跟踪这些卫星的运行。当接收机捕获到跟踪的卫星信号后，即可测量出接收天线至卫星的伪距离和距离的变化率，解调出卫星轨道参数等数据。根据这些数据，接收机中的微处理计算机就可按定位解算方法进行定位

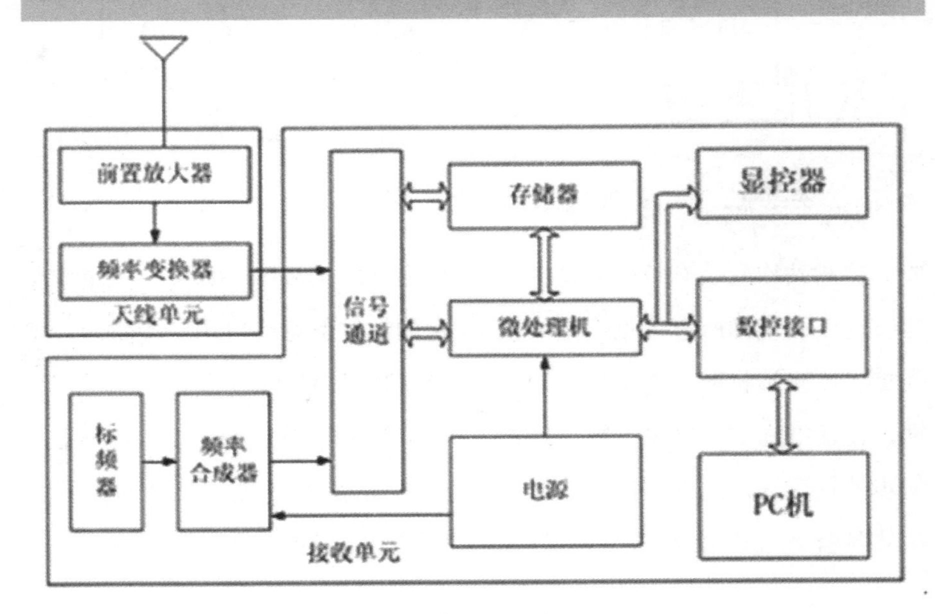

计算，计算出用户所在地理位置的

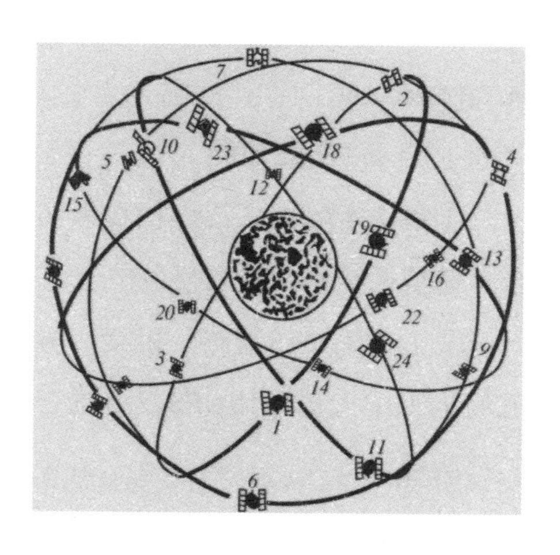

经纬度、高度、速度、时间等信息。接收机硬件和机内软件以及GPS数据的后处理软件包构成完整的GPS用户设备。GPS 接收机的结构分为天线单元和接收单元两部分。接收机一般采用机内和机外两种直流电源。设置机内电源的目的在于更换外电源时不中断连续观测。在用机外电源时机内电池自动充电。关机后，机内电池为RAM存储器供电，以防止数据丢失。目前各种类型的接受机体积越来越小，重量越来越轻，便于野外观测使用。

★ 全球四大卫星定位系统

美国GPS：由美国国防部于20世纪70年代初开始设计、研制，于1993年全部建成。1994年，美国宣布在10年内向全世界免费提供GPS使用权，但美国只向外国提供低精度的卫星信号。据信该系统由美国设置“后门”，一旦发生战争，美国可以关闭对某地区的信息服务。

欧盟“伽利略”：1999年，欧洲提出计划，准备发射30颗卫星，

组成“伽利略”卫星定位系统。今年该计划正式启动。

俄罗斯“格洛纳斯”：尚未部署完毕。始于20世纪70年代，需要至少18颗卫星才能确保覆盖俄罗斯全境；如要提供全球定位服务，则需要24颗卫星。

中国“北斗”：2003年我国

北斗一号建成并开通运行，不同于GPS，“北斗”的指挥机和终端之间可以双向交流。2008年5月12日四川大地震发生后，北京武警指挥中心和四川武警部队运用“北斗”进行了上百次交流。北斗二号系列卫星今年起将进入组网高峰期，预计在2015年形成由三十几颗卫星组成的覆盖全球的系统。

★ GPS的功能

（1）a的勘测功能

①精确定时：广泛应用在天文台、通信系统基站、电视台中。

②工程施工：道路、桥梁、隧道的施工中大量采用GPS设备进行工程测量。

③勘探测绘：野外勘探及城区规划中都有用到。

（2）GPS的导航功能

①武器导航：精确制导导弹、巡航导弹；

②车辆导航：车辆调度、监控系统；

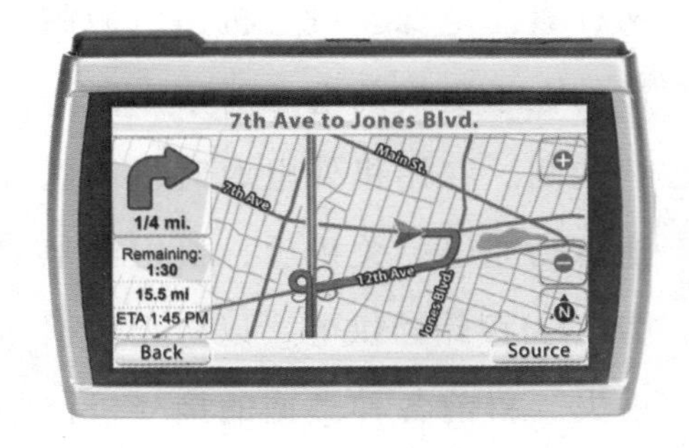

③船舶导航：远洋导航、港口

/内河引水；

④飞机导航：航线导航、进场着陆控制；

⑤星际导航：卫星轨道定位；

⑥个人导航：个人旅游及野外探险。

④精准农业：农机具导航、自动驾驶，土地高精度平整。

★ GPS的特点

①全天候，不受任何天气的影响；

（3）GPS的定位功能

①车辆防盗系统；

②手机、PDA、PPC等通信移动设备防盗，电子地图，定位系统；

③儿童及特殊人群的防走失系统；

②全球覆盖（高达98%）；

③七维定点定速定时高精度；

④快速、省时、高效率；

⑤应用广泛、多功能；

⑥可移动定位。

传真通信

传真通信就是利用扫描和光电变换技术，经传输电路将文字、图表、照片等由发送端传送到接收端，并在接收端以记录的形式重现的一种通信方式。

★ 传真通信的原理

传真通信的原理是：在发送端，把欲发送的图像经过逐行地发信扫描，按顺序分解成许多微小的像素，用光电变换器件变换成相应的电信号，经信号处理后通过电路传送出去。在接收端，将接收到的电信号进行反变换，恢复成原始信号，送至记录器，使之变换成一定形式的能量，通过接收扫描把这些电信号按照和发信扫描相同的顺序记录在记录纸上，最后组成与原稿相同的图像。

★ 计算机传真通信

长距离的有线传真过去都是由专门的传真机来完成，而计算机

将取代这一功能。计算机传真功能由一块特制的传真卡借助软件来完成。比如通常使用的PC卡，是插

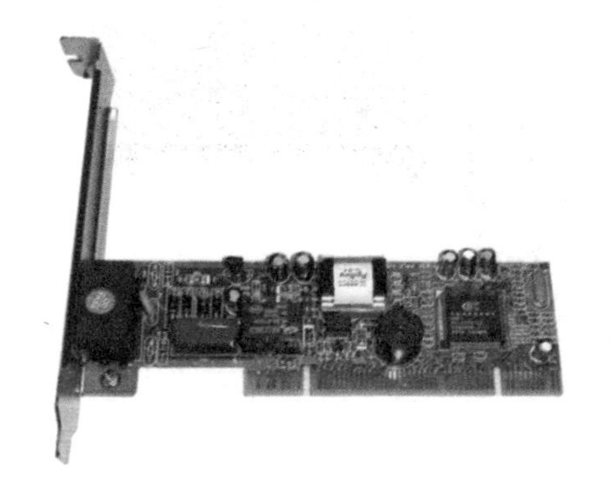

入微型计算机扩展槽里的一块具有传真功能的插件板，又称微机传真板，是集传真技术、通信技术和计算机技术于一体的接口部件。适用于各种PC机（个人计算机）及与PC机兼容的微机。带有传真卡的PC机能够与远地的传真机或带有传真卡的PC机进行传真通信。把传真卡插入PC机的扩展槽，连接到电话线上，就可利用电话网方便地接收和发送传真信息。也可利用计算机局域网开通PC机间的传真业务。在传真卡上设有两个插座，用于连接电话线路和电话机。为扩大传真卡的功能，一些传真卡设有更多的插座，如扫描器插座、自动加电装置的接口，甚至带有一个话音信箱，用于自动录音和应答。发送传真时，既可利用人工电话拨号，也能利用软件控制自动拨号。接收传真时，铃流检测器检测到对方来的振铃信号向CPU发出中断请求，使PC机立即转入处理传真通信。

传真卡是借助软件来完成传真功能的。这些功能包括传真文件的发送、接收、管理、非传真格式与传真格式之间的相互转换等。传真软件包括通信程序和处理程序。采用模块化结构使这些支持软件简明清晰，便于阅读和调试。通信程序

由发送模块、接收模块、系统呼叫模块构成。处理程序由显示模块、编译码模块、文件转换模块、图文编辑模块、通信管理模块构成。带有传真卡的PC机具有传真机的通信功能和很强的存储、处理功能。例如，方便地实现多页发送、延迟发送、广播发送等。

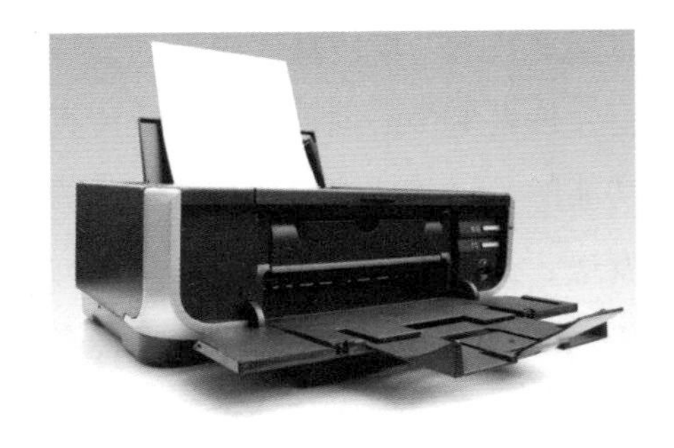

★ 文字传真通信

文字传真通信是应用扫描技术把文字信息转换成电信号传送到接收端，再以记录形式复制出文字的通信方式。早期的文字传真沿用照片传真的体制，不同的是接收方式。照片传真为了要保持较多的层次，只能用感光纸接收，文字传真则可用电化纸或电火花烧灼式碳素纸接收。文字传真接收大多是采用平板式扫描，用卷筒纸连续地接收，并立即显示接收的字迹，省去了“后处理”工序。由于文字传真不需要中间层次，分辨率也可低于照片传真，故可提高扫描速度。

20世纪70年代以来，文字传真机经历几次更新换代。首先在传

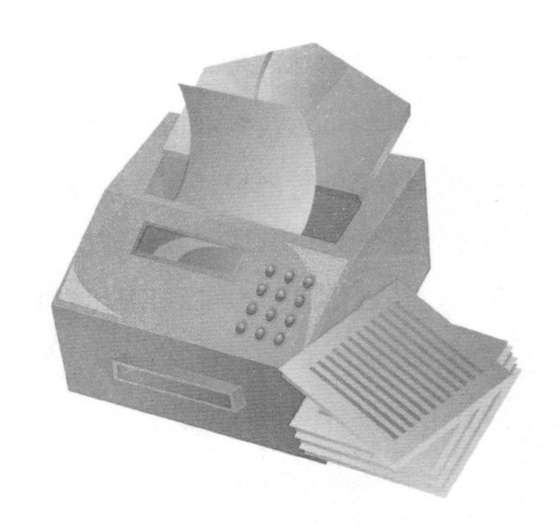

真机中使用集成电路及用热敏纸记录，生产出简单小巧的传真设备，称为二代机（GⅡ），它很适合于记者向编辑部门传送稿件。后又出现与计算机技术结合的三代机（GⅢ），采用智能数字化技术，压缩冗余信息，以应答方式进行差错控制。实际上它是一台以光电扫描和热敏输出作为外围设备的电子计算机，因而大大提高了传送效率和质量，完全不同于原来的照片传真机。20世纪80年代以来将文字传真机与电话联系起来，将文字传真机接在电话线上处于等待状态，当对方拨通此电话后，文字传真机可以响应电话振铃信号，自动启动文字传真机接收。对方发送的文传信息结束后，自动恢复为等待状态，电话也处于“挂机”状态等待下一次电话。这种方式称作“拨号文传”。常见到的“电话号”“电传号”以及“文传号”，就是指“拨号文传”的号码。

文字传真机可以传送手迹。中国的汉字是一种象形字，在尚未普及汉字编码技术的情况下，使用文字传真机是最简便的通信方式。记者向编辑部门传送稿件，将会越来越广泛地采用文字传真方式。其缺点是通信效率不如电子计算机高，信息不能进入计算机编辑处理系统。

无线通信

无线通信是利用电磁波信号可以在自由空间中传播的特性进行信息交换的一种通信方式，近些年信息通信领域中，发展最快、应用最广的就是无线通信技术。在移动中实现的无线通信又通称为移动通信，人们把二者合称为无线移动通信。

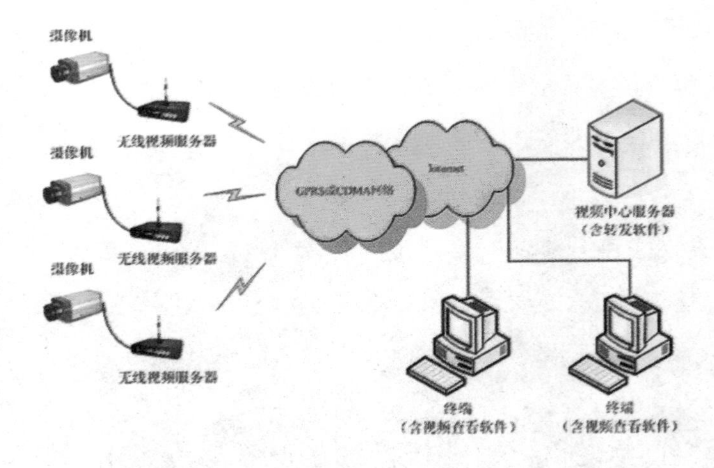

★ 无线通信技术的发展

无线技术给人们带来的影响是无可争议的。如今每天大约有15万人成为新的无线用户，全球范围内的无线用户数量目前已经超过2亿。这些人包括大学教授、仓库管理员、护士、商店负责人、办公室经理和卡车司机。他们使用无线技术的方式和他们自身的工作一样都在不断地更新。

从20世纪70年代，人们就开始了无线网的研究。在整个80年代，伴随着以太局域网的迅猛发展，具有不用架线、灵活性强等优点的无线网弥补了有线通信的不足之处，赢得了特定市场的认可，但也正是因为当时的无线网是作为有线通信以太网的一种补充，遵循了IEEE802.3标准，使直接架构于802.3上的无线网产品存在着易受其他微波噪声干扰、性能不稳定、传输速率低且不易升级等弱点，不同厂商的产品相互也不兼容，这一切都限制了无线网的进一步应用。

这样，制定一个有利于无线网自身发展的标准就提上了议事日程。到1997年6月，IEEE终于通过了802.11标准。802.11标准是IEEE制定的无线局域网标准，主要是对网络的物理层（PH）和媒质访问

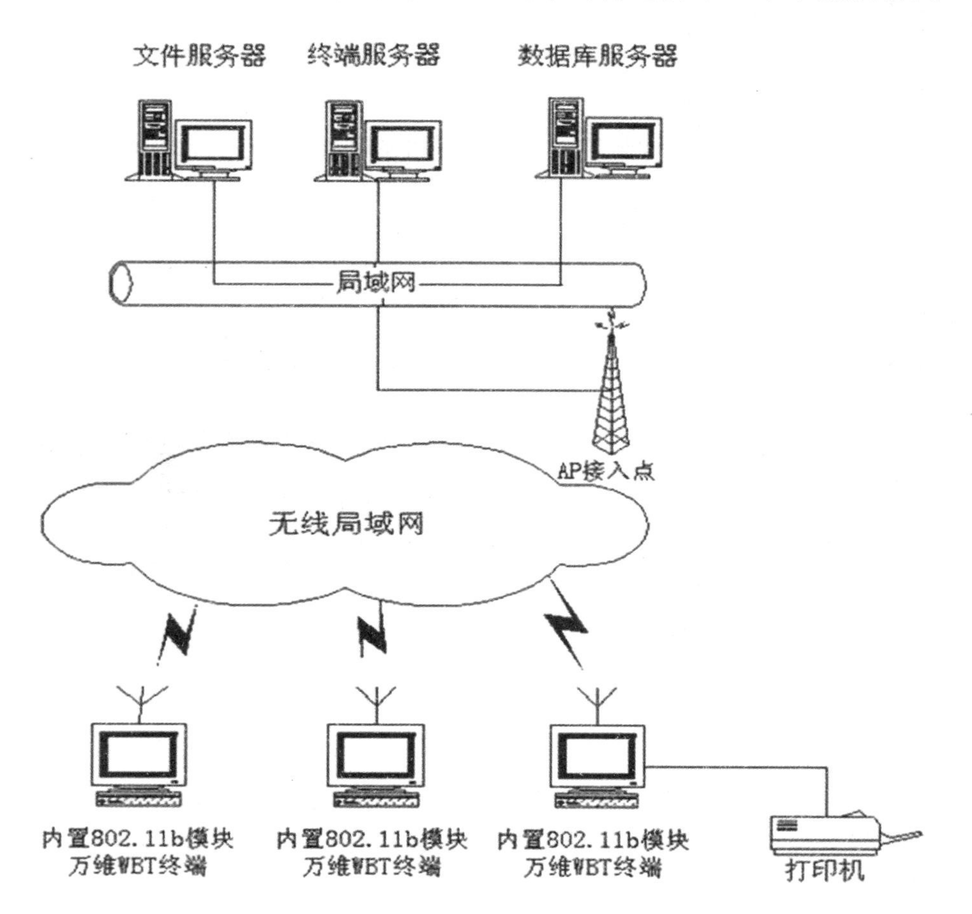

控制层（MAC）进行了规定，其中对MAC层的规定是重点。各厂商的产品在同一物理层上可以互操作，逻辑链路控制层（LLC）是一致

网络层
LLC层
MAC层
物理层

IEEE802.11的分层

无线收发器
802.11帧格式
WMAC处理器
802.3帧格式
协议栈
以太网接口

802.11兼容802.3的机理

的，即MAC层以下对网络应用是透明的。这样就使得无线网的两种主要用途——“（同网段内）多点接入”和“多网段互连”，易于质优价廉地实现。对应用来说，更重要的是，某种程度上的“兼容”就意味着竞争开始出现；而在IT这个行业，“兼容”就意味着“十倍速时代”降临了。

在MAC层以下，802.11规定了三种发送及接收技术：扩频技术、红外技术、窄带技术。而扩频又分为直接序列扩频技术（简称直扩）和跳频扩频技术。直序扩频技术，通常又会结合码分多址CDMA技术。

实现无线通信的电磁波是变化的电场、变化的磁场组合而成的。不同广播电台发送的载波频率不一样。收音机内有一个调节旋钮，通过它可以改变收音机接收电磁波的频率。只有接受的频率与发射电磁波的频率相同时，收音机才能收听到加在这个发射电磁波上的声音。

广播电台安有发射电磁波的装置，收音机是接受电磁波的装置。

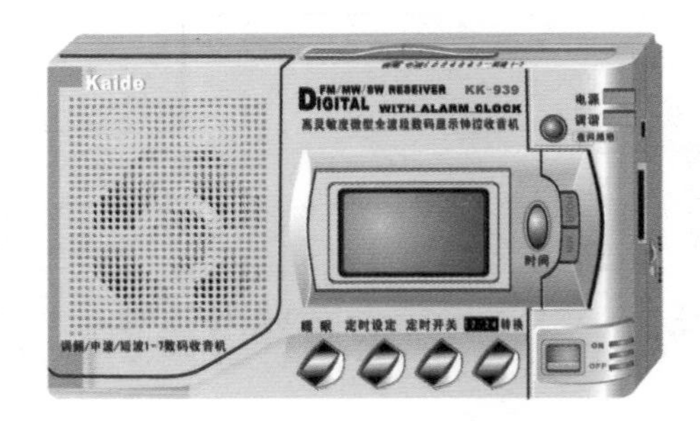

有发射电磁波和接受电磁波的装置，就能实现空中的无线通信。现在生活中常用的对讲机，就是一种小型的无线电收发机。人对着对讲机的话筒讲话，对讲机内的设

备将声音加在发射机发出的载波上发射出去。在实际中，还经常用波长的长短表示电磁波频率的高低。波长与频率成反比，波长越长的电磁波频率越低。广播电台用的载波室短波，无线通信用的载波是短波或超短波。为了适应战争的需要，在军队中使用的无线通信设备应当做到体积小、重量轻、易操作、抗干扰。例如海湾战争中，装备到步兵班的AN/PRC-126超短波电台，大小与一本书差不多，质量只有102千克，使用非常方便，可以工作130 000小时不出故障。

现代战争中，天空中飞行的飞机，地面上奔驰的坦克、装甲车、汽车，海上航行的舰艇，都装备了无限通信装置。这些装置保证了上、下级部门、友邻部队之间的密切联系。无线通信的应用已深入到人们生活和工作的各个方面，包括日常使用的手机、无线电话等，其中3G、WLAN、UWB、蓝牙、宽带卫星系统都是21世纪最热门的无线通信技术的应用。

电子邮件

电子邮件，简称电邮，是指通过电子通讯系统进行书写、发送和接收的信件。今天使用的最多的通讯系统是互联网，同时电子邮件也是互联网上最受欢迎且最常用到的功能之一。

电子邮件简称E-mail，标志是@，也被大家昵称为“伊妹儿”，又称电子信箱、电子邮政，它是一种用电子手段提供信息交换的通信方式。是Internet应用最广的服务：通过网络的电子邮件系统，用户可以用非常低廉的价格（不管发送到哪里，都只需负担电话费和网费即可），以非常快速的方式（几秒钟之内可以发送到世界上任何你指定的目的地），与世界上任何一个角落的网络用户联系，这些电子邮件可以是文字、图像、声音等各种方式。同时，用户可以得到大量免费的新闻、专题邮件，并实现轻松的信息搜索。

★ 电子邮件的原理

（1）电子邮件的发送和接收

运行 Web 服务器的服务器计算机

您的运行 Web 浏览器的计算机

浏览器连接至服务器并请求页面

服务器将请求的页面发送回来

电子邮件在Internet上发送和接收的原理可以很形象地用我们日常生活中邮寄包裹来形容：当我们要寄一个包裹的时候，我们首先要找到任何一个有这项业务的邮局，在填写完收件人姓名、地址等等之后包裹就寄出而到了收件人所在地的邮局，那么对方取包裹的时候就必须去这个邮局才能取出。同样的，当我们发送电子邮件的时候，这封邮件是由邮件发送服务器（任何一个都可以）发出，并根据收信人的地址判断对方的邮件接收服务器而将这封信发送到该服务器上，收信人要收取邮件也只能访问这个服务器才能够完成。

（2）电子邮件地址的构成

电子邮件地址的格式是“USER@SERVER.COM”，由三部分组成。第一部分“USER”代表用户信箱的帐号，对于同一个邮件接收服务器来说，这个帐号必须是唯一的；第二部分“@”是分隔符；第三部分“SERVER.COM”是用户信箱的邮件接收服务器域名，用以标志其所在的位置。

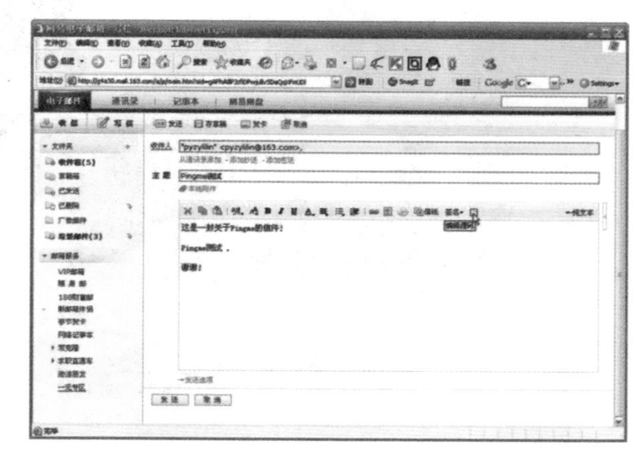

科普百花园

垃圾邮件

垃圾邮件现在还没有一个非常严格的定义。一般来说，凡是未经用户许可就强行发送到用户邮箱中的任何电子邮件都属于垃圾邮件。

在垃圾邮件出现之前，美国一位名为桑福德·华莱士（或称“垃圾福”）的人，成立了一间公司，专门为其他公司客户提供收费广告传真服务，由于惹起接收者的反感，以及浪费纸张，于是美国立法禁止未经同意的传真广告。后来垃圾福把广告转到电子邮件，垃圾邮件便顺理成章地出现了。

★ 电子邮件的特点

电子邮件的优点是任何传统的方式无法相比的。正是由于电子邮件使用简易、投递迅速、收费低廉、易于保存、全球畅通无阻，使得电子邮件被广泛地应用，它使人们的交流方式得到了极大的改变。另外，电子邮件还可以进行一对多的邮件传递，同一邮件可以一次发送给许多人。最重要的是，电子邮件是整个网间网以至所有其他网络系统中直接面向人与人之间信息交流的系统，它的数据发送方和接收方都是人，所以极大地满足了大量存在的人与人通信的需求。

电子邮件指用电子手段传送信件、单据、资料等信息的通信方法。电子邮件综合了电话通信和邮政信件的特点，它传送信息的速度和电话一样快，又能像信件一样使

中国移动通信 CHINA MOBILE　移动邮件系统　lintong@chinamobile.com [帮助，退出]

收信　写信　删除　永久删除　转移　标记

文件夹：未读邮件　收件箱　草稿箱　已发送　已删除邮件　垃圾邮件　病毒文件夹

邮箱选项：发送彩信　个人通讯录　企业通讯录　邮箱选项　查找　帮助　退出

收件箱（共 265 封，其中未读邮件 209 封）　首页 | 上一页 | 下一页 | 末页　页数: 1/6

发件人	主题	时间	大小
Webmaster	来自Webmaster的邮件	2009-02-25	103.18M
林同	主题审核	2009-02-21	103.18M
冯霜	参加生日会	2009-02-25	28.63K
Webmaster	2008年度年度大会的通知，请大家准时参加	2009-02-21	69.67K
林同	主题审核	2009-02-25	16.83K
冯霜	参加生日会	2009-02-21	10.8K
Webmaster	2008年度年度大会	2009-02-25	103.18M
林同	主题审核	2009-02-21	103.18M
冯霜	参加生日会	2009-02-21	28.63K

选择: 全部 - 未读 - 已读 - 反选　首页 | 上一页 | 下一页 | 末页　页数: 1/6

收信者在接收端收到文字记录。电子邮件系统又称基于计算机的邮件报文系统。它承担从邮件进入系统到邮件到达目的地为止的全部处理过程。电子邮件不仅可利用电话网络，而且可利用任何通信网传送。在利用电话网络时，还可利用其非高峰期间传送信息，这对于商业邮件具有特殊价值。由中央计算机和小型计算机控制的面向有限用户的电子系统可以看作是一种计算机会议系统。

电子邮件作为一种全新的交流方式，不管是在发展中国家还是在发达国家都均处于日益流行的阶段。诚然我们很难想象没有电子邮件我们的生活会是什么样子的。不言 而喻的是电子邮件能赢得世界的青睐必定有其自身的魅力。

首先，电子邮件快速、经济而且高效。通过电子邮件，我们可以接收和发送一些书信、报纸、视频片段等各种信息和文件。而且还可以存储、删除、汇编、搜索电子邮件并同一时间将其发往不同的目的地。最后通过自己的口令，可以让自己的电子邮件不被别人偷看，从而达到保密的目的。

随着宽带连接的快速发展，以及国际互联网管理的日臻完善，电子邮件将会进一步证明其可靠性，最终它将成为全球沟通的主导方向。